High-Impact Tools für Teams

Die englische Originalausgabe erschien 2021 bei John Wiley & Sons, Inc. unter dem Titel *High-Impact Tools for Teams*.

ISBN 978-3-593-51477-2 Print
ISBN 978-3-593-44881-7 E-Book (PDF)

Umschlaggestaltung: Guido Klütsch, Köln nach einer Vorlage von Alan Smith
Umschlagmotiv: © blexbolex
Satz: inpunkt[w]o, Haiger (www.inpunktwo.de)
Gesetzt aus: ARS Maquette Pro
Druck und Bindung: Beltz Grafische Betriebe GmbH, Bad Langensalza
Printed in Germany

www.campus.de

Sie halten ein leistungsstarkes Toolkit in Händen, mit dem Sie Orientierung bieten, Vertrauen aufbauen und schnelle Ergebnisse erzielen können. Entdecken Sie den Spaß am Teamwork ganz neu mit diesen fünf...

High-Impact Tools für Teams

strategyzer.com/teams

Geschrieben von
Stefano Mastrogiacomo
Alex Osterwalder

Gestaltet von
Alan Smith
Trish Papadakos

Aus dem Englischen übersetzt von
Jordan T. A. Wegberg

Campus Verlag
Frankfurt/New York

»Beim Management geht es um Menschen. Es hat die Aufgabe, sie zu gemeinsamen Leistungen in die Lage zu versetzen.«

Peter Drucker, Management-Vordenker

Inhalt

2

Die Map zum Einsatz bringen
Wie die Team Alignment Map verwendet wird

3

Vertrauen unter Teammitgliedern
Vier Werkzeuge, um ein Klima des Vertrauens und mehr psychologische Sicherheit zu schaffen

4

Vertiefung
Die wissenschaftlichen Hintergründe der Tools und des Buches

Vorwort

Amy Edmondson

Wenn Sie ein Team führen – oder dies in naher Zukunft zu tun beabsichtigen –, sollten Sie dieses Buch griffbereit haben. Die meisten Führungskräfte heutzutage sind sich darüber im Klaren, dass ihre Organisationen stark von Teams abhängen, die Innovation und Digitalisierung voranbringen, sich wandelnde Kundenbedürfnisse berücksichtigen und mit plötzlichen Umwälzungen wie einer globalen Pandemie, sozialen Unruhen oder einer Rezession umgehen können.

Aber einfach nur ein Team zusammenzustellen ist keine Garantie für dessen Erfolg. Teams scheitern immer wieder. Selbst wenn man ihnen ein sinnvolles Ziel, die richtigen Mitarbeiter zu dessen Erreichung und sogar ausreichende Ressourcen mit auf den Weg gibt, tun Teams sich trotzdem immer wieder schwer damit, ihr unleugbares Potenzial auszuschöpfen. Sie werden ausgebremst von Koordinationsmängeln, ineffektiven Meetings, unproduktiven Konflikten und einer dysfunktionalen Gruppendynamik – was zu Frustration, Verzögerungen und falschen Entscheidungen führt. Wissenschaftler nennen diese Faktoren »Prozessverluste« – damit soll die Kluft zwischen Input (Qualifikationen, Ziele und Ressourcen) und Ergebnissen (Teamleistung oder Mitgliederzufriedenheit) erklärt werden. Selbst wenn die Teams einiges zu schaffen scheinen, kann ihre Leistung suboptimal und eher konventionell als innovativ sein – oder sie geht mit erheblichen Überstunden, mit Stress und Motivationsverlust einher.

So muss es nicht sein.

Stefano Mastrogiacomo und Alex Osterwalder zeigen uns, wie Teams erfolgreich sein können, indem sie einfache, funktionierende Methoden anwenden. Sie bieten uns eine Anleitung, die jedes Team nutzen kann, um sich sofort auf den Weg zu umfassender Mitwirkung, produktiven Konflikten und stetigem Fortschritt zu machen. Mit seinen ansprechenden Illustrationen, leicht verständlichen Tools und wohlüberlegten Abfolgen von Aktivitäten, die Teams nutzen können, um vorhersehbare Teamprobleme aller Art zu vermeiden (und sich davon zu erholen), ist dieses Buch eine wertvolle Ressource. Ich glaube schon lange daran, dass einfache Werkzeuge Synergien hervorbringen können, indem sie das Teamverhalten in die richtige Richtung lenken. Und dieses Buch ist voll von solchen Werkzeugen – Handlungsweisen und Richtlinien, die jedem Team gute Dienste leisten werden.

Besonders wirkungsvoll an *High-Impact Tools für Teams* ist jedoch der Schwerpunkt auf Teamprozessen und dem psychologischen Klima. Die meisten Autoren beschäftigen sich mit dem einen oder mit dem anderen – sie geben Schritt-für-Schritt-Anleitungen, um ein Teamprojekt zu managen, oder sie erklären die Vorzüge eines psychologisch sicheren Klimas, das ein Team lernen und innovieren lässt.

Dieses Buch bietet einfache Tools für beides. Wenn das schlechte Teamklima es erschwert, das Wort zu ergreifen, leidet die Innovation darunter. Probleme vertiefen sich und führen manchmal zu erheblichen Misserfolgen. Für psychologische Sicherheit zu sorgen kann sich wie ein schwer erreichbares Ziel anhören, besonders für Teamleiter, die unter dem Druck stehen, Ergebnisse zu liefern. Auf der Grundlage meiner Studien und denen vieler anderer, deren Arbeit diese großartige Ressource stützt, entmystifizieren Stefano und Alex die Suche nach einer gesunden Teamkultur – und leiten uns an, wie wir sie herstellen können. Schon aus diesem Grund bin ich begeistert von diesem Buch. Es bringt neue Energie – und neue Tools – auf den Weg, wenn es darum geht, Teams zu entwickeln, die im 21. Jahrhundert erfolgreich sein können – weil sie die Energie und Expertise all ihrer Mitglieder optimal nutzen.

Selbst wenn Teamwork immer eine Herausforderung bleiben wird, haben Führungskräfte jetzt Zugriff auf praktische, leicht anwendbare Tools, mit denen Teams gute Arbeit leisten können. Wer sie übernimmt und mit Leidenschaft anwendet, ist in der Lage, die Art von Teams aufzubauen, die Unternehmen brauchen und Beschäftigte wollen.

– Amy C. Edmondson
Harvard Business School, Cambridge, MA

Sieben große Denker, die dieses Buch inspiriert haben

Herbert Clark

Herbert H. Clark ist Psycholinguist und Professor für Psychologie an der Stanford University. Das eigentliche Fundament dieses Buches beruht auf seinen Arbeiten über die Verwendung von Sprache bei der menschlichen Koordination. Der Aufbau der **Team Alignment Map** ist von seinen Forschungen zum gegenseitigen Verstehen und der Koordination gemeinsamer Aktivitäten beeinflusst.

Alan Fiske

Alan Page Fiske ist Professor für Psychologische Anthropologie an der University of California in Los Angeles. Seine Arbeiten zu menschlichen Beziehungen und kulturübergreifenden Variationen waren bahnbrechend für unser Verständnis dessen, was »sozial« bedeutet, und führten letztlich zur Entwicklung des **Teamvertrags**.

Yves Pigneur

Yves Pigneur ist Professor für Management und Informationssysteme an der Universität Lausanne. Seine Arbeit zu Design Thinking und Tool-Design half uns, die schwierige Kluft zwischen Theorie und Praxis zu überbrücken. Ohne seine konzeptionelle Unterstützung und Anleitung würden dieses Buch und alle darin enthaltenen Tools einfach nicht existieren.

Amy Edmondson

Amy Edmondson ist Professorin für Leadership und Management an der Harvard Business School. Die Integration der vier Erweiterungen war beeinflusst von ihrer Arbeit über das Vertrauen in Teams, speziell über das Konzept psychologischer Sicherheit bei den Teammitgliedern. Ihre Forschungen verschafften uns großartige Erkenntnisse für das Verständnis der Auswirkungen von Vertrauen auf funktionsübergreifendes Teamwork und auf Innovation.

Steven Pinker

Steven Pinker ist Professor für Psychologie in Harvard. Seine Arbeiten über Psycholinguistik und soziale Beziehungen, insbesondere über die Verwendung indirekter Sprache und höflicher Bitten in kooperativen Spielen, dienten als Inspiration für die Gestaltung der **Respektkarte**. Seine jüngeren Arbeiten über Allgemeinwissen prägen unsere künftigen Entwicklungen.

Françoise Kourilsky

Françoise Kourilsky ist Psychologin und Coach mit dem Schwerpunkt Change Management. Sie war eine Vorreiterin bei der Einführung systemischer und Kurz-Therapietechniken für den Umgang mit Veränderungen in Organisationen und arbeitete direkt mit Paul Watzlawick vom Mental Research Institute im kalifornischen Palo Alto zusammen. Ihr verdanken wir den **Faktenfinder**, der eine Neuinterpretation ihres »Sprachkompasses« ist.

Marshall Rosenberg

Marshall Rosenberg war Psychologe, Mediator und Autor. Er gründete das Zentrum für gewaltfreie Kommunikation und arbeitete weltweit als Friedensstifter. Seine Arbeit über die Sprache der Konfliktlösung und empathischen Kommunikation beeinflusste die Gestaltung des **Leitfadens für gewaltfreie Bitten**.

Die Strategyzer-Reihe

Wir glauben, dass einfache visuelle und praktische Werkzeuge die Leistungsfähigkeit einer Person, eines Teams und ihrer Organisation verwandeln können. Neue Geschäftsideen scheitern und vorhandene Unternehmungen stehen unter dem ständigen Druck von Disruption und Veralterung. Ein nicht hinnehmbares Maß an Zeit und Geld geht alljährlich verloren, weil es an Klarheit und Übereinstimmung bei grundlegenden geschäftlichen Angelegenheiten mangelt. Jedes unserer Bücher enthält eine Reihe zweckmäßiger Tools und Prozesse, um mit spezifischen Herausforderungen umzugehen. Diese Herausforderungen sind miteinander verknüpft. Deshalb haben wir die Tools mit größter Sorgfalt gestaltet, damit sie sowohl für sich stehen als auch in Kombination das bestintegrierte Strategie- und Innovations-Toolkit der Welt bilden. Ob Sie nun eines davon kaufen oder gleich alle – was Sie bekommen, sind Ergebnisse.

https://www.campus.de/buecher-campus-verlag/business/osterwalder.html

Business Model Generation
Ein Handbuch für Visionäre, Spielveränderer und Herausforderer, die überholten Geschäftsmodellen etwas entgegensetzen und die Unternehmen von morgen gestalten wollen. Passen Sie sich an die raue neue Realität an und seien Sie Ihren Mitbewerbern voraus mit *Business Model Generation*.

Value Proposition Design
Bewältigen Sie die Kernherausforderung jedes Geschäfts – schaffen Sie überzeugende Produkte und Dienstleistungen, die Ihre Kunden kaufen wollen. Entdecken Sie einen wiederholbaren Prozess und die richtigen Werkzeuge, um gut verkäufliche Produkte zu entwickeln.

Testing Business Ideas

Entdecken Sie eine Sammlung von 44 Experimenten, um Ihre Geschäftsideen systematisch zu testen. Kombinieren Sie die Business Model Canvas und die Value Proposition Canvas mit Assumptions Mapping und anderen leistungsstarken schlanken Start-up-Tools.

The Invincible Company

Sie sind nicht zu bremsen, wenn Sie gleichzeitig ein Portfolio vorhandener Geschäftsbereiche führen und eine Pipeline potenzieller neuer Wachstumsmotoren erforschen. Entdecken Sie praktische und grundlegende Tools, darunter die Business Portfolio Map, die Innovationsmetrik, die Culture Map und eine Sammlung von Geschäftsmodellmustern.

High-Impact Tools für Teams

Fünf erfolgreiche Teamwork- und Change-Management-Tools, um neue Geschäftsmodelle erfolgreich einzusetzen. Machen Sie jedes Innovationsprojekt zum Erfolg: mit der Team Alignment Map, dem Teamvertrag, dem Faktenfinder, der Respektkarte und dem Leitfaden für gewaltfreie Bitten.

Grundlagen

Warum Teams hinter den Erwartungen zurückbleiben und wie man bessere Ergebnisse erzielt

»Das Gespräch ist die grundlegende Leadership-Technologie.«

Jeanne Liedtka, Strategin

Unsere Leute sind alle spitze.

Warum haben wir dann so viele Probleme?

Wann haben Sie zuletzt gern in einem Team mitgearbeitet?

37 Mrd. $

betragen die Gehaltskosten für unnötige Meetings in amerikanischen Unternehmen.

*Atlassian **

50%

aller Meetings werden als unproduktive Zeitverschwendung angesehen.

*Atlassian **

29%

der Projekte sind erfolgreich.

Chaos Report,
The Standish Group, 2019

75%

der bereichsübergreifenden Teams sind dysfunktional.

Behnam Tabrizi, »75% of Cross-Functional Teams Are Dysfunctional.«

Harvard Business Review, *2015*

10%

der Teammitglieder sind sich einig darüber, wer zu ihrem Team gehört (120 Teams).

Diane Coutu, »Why Teams Don't Work,« Harvard Business Review, *2009*

66%

der amerikanischen Arbeitnehmer arbeiten unengagiert oder haben innerlich bereits gekündigt.

*Jim Harter, Gallup, 2018 ***

95%

der Beschäftigten eines Unternehmens kennen oder verstehen dessen Strategie nicht.

Robert Kaplan und David Norton, »The Office of Strategy Management,« Harvard Business Review, *2005*

1/3

der wertschöpfenden Kollaborationen gehen auf nur 3 bis 5 % der Mitarbeiter zurück.

Rob Cross, Reb Rebele und Adam Grant, »Collaborative Overload,« Harvard Business Review, *2016*

** »You Waste a Lot of Time at Work,« Atlassian, www.atlassian.com/time-wasting-at-work-infographic*

*** »Employee Engagement on the Rise in the U.S.,« Gallup, news.gallup.com/poll/241649/employee-engagement-rise.aspx*

Warum Teams schwache Leistungen liefern

Teams sind erfolglos, wenn die Mitglieder umeinander *herumarbeiten* und nicht *miteinander*. So etwas passiert, wenn das Klima unsicher ist und die Teamaktivitäten nicht gut aufeinander abgestimmt sind.

Umeinander herumzuarbeiten ist eine anstrengende Angelegenheit. Endlose Meetings und aus dem Ruder laufende Budgets bei schlechten Ergebnissen treten für gewöhnlich in einem negativen Teamklima auf, bei dem die meisten Mitglieder unter hohem Druck arbeiten, sich isoliert fühlen und unzufrieden sind. Wie Umfragen zeigen, sieht genauso der Alltag vieler Teammitglieder aus.

Wir können mehr tun, als nur umeinander herumzuarbeiten. Wir können tatsächlich miteinander arbeiten. Wenn uns das gelingt, können wir mit Begeisterung das beinahe Unmögliche erreichen. Vielleicht ist es uns nicht bewusst, aber in einem solchen Moment erleben wir ein »Hochleistungsteam«. So bezeichnen die Leute das rückwirkend, denn gute Ergebnisse machen sich erst nach und nach bemerkbar.

Wir haben beide Arten von Teams erlebt und dieses Buch fasst zusammen, was wir im Laufe der letzten zwanzig Jahre gelernt haben. Unsere zentrale Erkenntnis ist, dass gemeinsamer Erfolg und Misserfolg zu einem Großteil davon abhängen, wie gut wir unsere tagtäglichen Interaktionen im Griff haben, und zwar auf zwei Ebenen:

- Teamaktivitäten: höchste Priorität für Klarheit auf allen Seiten – wie lautet die Mission, wer macht was, ist das jedem klar?
- Teamklima: sorgfältige Pflege starker, vertrauensvoller Beziehungen.

Wir glauben an Teams und wir glauben an Tools. Deshalb haben wir die letzten fünf Jahre damit verbracht, Tools zu entwickeln und aufzupolieren, die den Teammitgliedern dabei helfen,

1. die Teamaktivitäten durch bessere Abstimmung und
2. das Teamklima durch den Aufbau einer psychologisch sicheren Arbeitsumgebung zu verbessern.

Nur Teams können die Komplexität der Herausforderungen bewältigen, die eine miteinander verknüpfte Welt mit sich bringt. Wir erleben eine Phase spektakulärer Veränderungen: Bahnbrechende Technologien und unvorhergesehene Lockdowns wälzen ganze Branchen um. Organisationen sind gezwungen, mit beispielloser Geschwindigkeit zu innovieren und zu liefern, und für uns sind die Teams die Bausteine. Niemals war es notwendiger, die Form unserer Zusammenarbeit zu überdenken.

Wie der Visionär Peter Drucker schon vor Langem sagte: Die entscheidende Frage ist nicht: »Wie kann ich das erreichen?«, sondern: »Was kann ich beisteuern?« Da können wir nur zustimmen. Wir hoffen, die Team Alignment Map und die anderen in diesem Buch vorgestellten Werkzeuge werden Ihnen ebenso gut wie uns dabei helfen, Tag für Tag einen besseren Beitrag in Ihrem Team zu leisten.

Unsicheres Teamklima

Anzeichen für ein schlechtes Teamklima

- Mangelndes Vertrauen zwischen Kollegen und Teams
- Interner Wettbewerb
- Innerer Rückzug
- Mangelnde Anerkennung
- Angst: Es ist schwierig, sich zu äußern
- Über-Kollaboration
- Keine Freude mehr am Zusammenarbeiten

Schlecht abgestimmte Teamaktivitäten

Anzeichen für schlechte Abstimmung der Teamaktivitäten

- Unklar, wer was macht
- Wertvolle Zeit geht in endlosen Meetings verloren
- Arbeit wird zu langsam fertig
- Prioritäten ändern sich ständig und keiner weiß, warum
- Projektdoppelungen und -überschneidungen
- Teammitglieder arbeiten isoliert
- Viel Arbeit bei schwachen Ergebnissen und wenig Wirksamkeit

Aktivitäten geraten bei schlecht koordinierten Teams ins Stocken

In festen Teams ist Koordination eine Form der Kommunikation mit dem Ziel, eine gemeinsame Basis zu schaffen, die etwa in einer gemeinsamen Position, in gemeinsamem Wissen oder geteiltem beziehungsweise gegenseitigem Verständnis bestehen kann (all diese Begriffe werden hier als Synonyme verwendet – Vertiefung, S. 270). Die gemeinsame Basis ermöglicht den Teammitgliedern, die Handlungen der anderen vorauszusehen und durch abgestimmte Prognosen entsprechend zu handeln. Je umfassender die gemeinsame Grundlage des Teams, umso besser funktioniert die Abstimmung zwischen den Teammitgliedern und der Gesamtumsetzung, was einer nahtlosen Aufteilung der Arbeit und einer schlüssigen Integration der individuellen Bestandteile zu verdanken ist. Interessanterweise ist die Kommunikation – und zwar das persönliche Gespräch – immer noch die effektivste Technologie der Welt, um entscheidende gemeinsame Grundlagen zu schaffen.

Nach Herbert H. Clark, Using Language *(Cambridge University Press, 1996), Simon Garrod und Martin J. Pickering, »Joint Action, Interactive Alignment, and Dialogue«,* Topics in Cognitive Science 1, *Nr. 2 (2009): 292–304.*

Wie Teamkoordination funktioniert

Erfolgreiche Koordination
Alles, was Teams erreichen, vom Partyfeiern bis zum Flugzeugbauen, ist ein Nebenprodukt der Teamkoordination. Koordination ist der Prozess, bei dem individuelle Beiträge gebündelt werden, um ein gemeinsames Ziel zum gegenseitigen Nutzen zu erreichen. Sie verwandelt Individuen, die ihren Job machen, in erfolgreiche Teammitglieder. Teamarbeit verlangt mehr ab als das Arbeiten allein; zusätzlich zu ihrer eigenen Arbeit müssen sich die Mitwirkenden untereinander abstimmen. Der Nutzen: Es werden (größere) Ziele erreicht, die allein nicht erreichbar wären.

Zusammenarbeit zum gegenseitigen Nutzen

Gescheiterte Koordination
Von schlecht koordinierten Teams können Sie nur bescheidene Ergebnisse erwarten. Misslungene Kommunikation verhindert gemeinsame Grundlagen; die Teilnehmer verstehen einander nicht und sehen das Handeln der anderen unzutreffend voraus. Das führt dazu, dass Teammitglieder Aufgaben mit wichtigen Wahrnehmungslücken ausführen. Die Aufteilung der Arbeit und die Integration der individuellen Teile misslingt und die Zusammenarbeit ist ineffizient. Die beabsichtigten Ergebnisse werden nicht erzielt.

Erfolgreiche Kommunikation
Die Teammitglieder tauschen relevante Informationen offen aus.

Relevante gemeinsame Basis
Es herrscht ein gegenseitiges Verständnis der Teammitglieder; sie sind sich darüber einig, was wie erreicht werden soll.

Erfolgreiche Koordination
Die Teammitglieder geben zutreffende Prognosen übereinander ab, die Koordination ist harmonisch und individuelle Beiträge werden erfolgreich integriert.

Gemeinsamer Nutzen

Kommunikation
Die von Teammitgliedern verbal und nonverbal, synchron und asynchron weitergegebenen Informationen.

Gemeinsame Basis
Kenntnisse, über die Teammitglieder bekanntermaßen gemeinsam verfügen, auch als Allgemeinwissen oder gegenseitiges Wissen bezeichnet.

Koordination
Aufgaben, die von den Teammitgliedern ausgeführt werden müssen, um harmonisch zusammenzuarbeiten.

Ergebnis

Missglückte Kommunikation
Die Teammitglieder tauschen relevante Informationen nicht aus.

Geringe oder irrelevante gemeinsame Basis
Wahrnehmungslücken tun sich auf, während die Teammitglieder ihre individuellen Aufgaben ausführen.

Koordinationsüberraschungen
Die individuellen Beiträge sind nicht miteinander integriert. Böse Überraschungen häufen sich aufgrund mangelhafter Koordination.

Gemeinsamer Schaden

Ein unsicheres Teamklima untergräbt die Innovation

Ich fühle mich unsicher: Ich will nicht ahnungslos, inkompetent, aufdringlich oder negativ wirken. Besser kein Risiko eingehen.

Ich schweige und geben wichtige Informationen nicht weiter

Nach Amy Edmondson, »Psychological Safety and Learning Behavior in Work Teams,« *Administrative Science Quarterly* 44, Nr. 2 (1999): 350–383.

Psychologisch unsichere Umgebung

Die Teammitglieder schützen sich vor Peinlichkeit und anderen möglichen Bedrohungen, indem sie schweigen, wenn das Klima psychologisch unsicher ist. Das Team unternimmt keine kollektiven Lernanstrengungen und das führt zu einer mangelhaften Teamleistung.

Kein Lernverhalten

Geringe gemeinsame Basis
Die gemeinsame Basis (oder das gemeinsame Wissen) des Teams wird nicht aktualisiert. Die Wahrnehmungslücken zwischen den Teammitgliedern wachsen und das Team stützt sich auf veraltete Informationen.

Geringe Lernleistung des Teams
Gewohnheitsmäßige oder automatische Verhaltensweisen werden immer weiter wiederholt, obwohl der Kontext sich ändert.

Geringe Teamleistung
Annahmen werden nicht überprüft und Pläne nicht korrigiert. Die ausgeführte Arbeit passt nicht zur tatsächlichen Situation und die hervorgebrachten Ergebnisse werden inadäquat.

Status quo oder schlechter

Ich bin zuversichtlich, dass mir Fehler nicht vorgehalten werden. Ich empfinde Respekt und mein Team bringt mir Respekt entgegen.

Ich äußere mich und gebe wichtige Informationen weiter

Psychologisch sichere Umgebung

Die Teammitglieder haben keine Angst, sich zu äußern, wenn das Klima psychologisch sicher ist. Die Teammitglieder führen einen produktiven Dialog, der ein proaktives Lernverhalten fördert, das notwendig ist, um die Umgebung und die Kunden zu verstehen und gemeinsam effiziente Problemlösungen herbeizuführen.

Lernverhalten

Feedback einholen

Informationen weitergeben

Um Hilfe bitten

Über Fehler sprechen

Experimentieren

Gute gemeinsame Basis
Die gemeinsame Basis (oder das Allgemeinwissen) des Teams wird regelmäßig mit neuen und aktuellen Informationen auf den neuesten Stand gebracht.

↓

Starkes Teamlernen
Neue Informationen lassen das Team lernen und sich anpassen. Das Lernverhalten hilft dem Team, Änderungen bei Annahmen und Plänen vorzunehmen.

↓

Hohe Teamleistung
Durch offene Kommunikation kann das Team sich erfolgreich koordinieren. Die konstante Integration von Lerninhalten und die Anpassung an Kontextveränderungen führen zu relevanter Arbeit.

Komplexe Problemlösung

Der neue Mitarbeiter wird all unsere Probleme lösen.

Wie Koordination und Sicherheit sich auf den Teamerfolg auswirken

Die Herausforderungen der heutigen Zeit sind zu groß, um isolierte Talente in Pseudoteams arbeiten zu lassen. Komplexe Problemlösungen erfordern echtes Teamwork. Und das beginnt mit dem Aufbau einer soliden Teamkoordination und eines sicheren Klimas.

Geringe Bemühungen um die Mission

Geringe Leistungsfähigkeit

× Schlecht koordinierte Aktivitäten
× Unsicheres Klima

Geringe Bemühungen um die Mission

Hohe Leistungsfähigkeit

× Schlecht koordinierte Aktivitäten
✓ Sicheres Klima

Starke Bemühungen um die Mission
Mäßige Leistungsfähigkeit
√ Koordinierte Aktivitäten
× Unsicheres Klima
Bestes Bemühen um die Mission
Beste Leistungsfähigkeit
√ Koordinierte Aktivitäten
√ Sicheres Klima
Effekt

Die Lösung mit der Team Alignment Map

Verbessern Sie die Koordination und das Vertrauen zu Ihren Teams mit der Team Alignment Map (TAM) und ihren vier Erweiterungen. Sie sind einfach, praktisch und leicht anwendbar.

Klären und koordinieren Sie den Beitrag jedes Teammitglieds zur TAM im Planungsmodus. Ein simpler zweistufiger Prozess (als Vorwärtspass und Rückpass bezeichnet) erleichtert die Planung und verringert das Risiko.

Verwenden Sie die TAM auch im Assessment-Modus, um Teams und Projekte rasch einzuschätzen. Die Beurteilungen werden auf derselben Canvas vorgenommen, indem vier Skalen hinzugefügt werden, in denen das Team abstimmen, nachdenken und handeln kann.

Verbessert die Teamaktivitäten

Verbessert die Aktivitäten ●●●●●
Verbessert das Klima ●●

Verwenden Sie die Team Alignment Map, um die Teamaktivitäten aufeinander abzustimmen

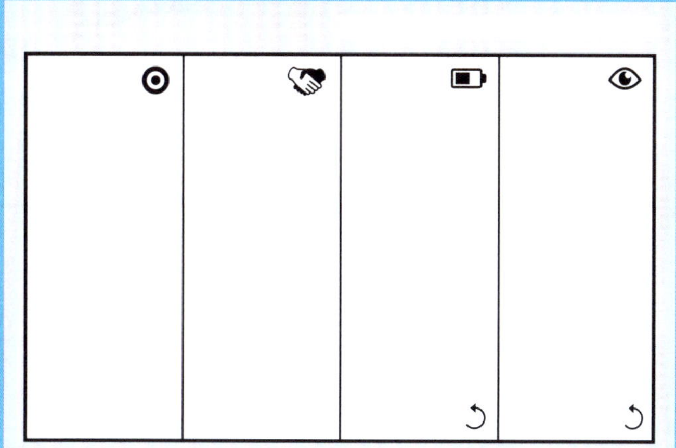

TAM – Planungsmodus
Klären Sie gemeinsam mithilfe der Team Alignment Map ab, wie die Teammission lautet und welche Ziele von wem wie erreicht werden sollen. Verringern Sie visuell Ängste und Risiken zugunsten höherer Erfolgschancen. Nutzen Sie die TAM als gemeinsames Planungswerkzeug, um die Menschen von Anfang an einzubinden und einen höheren Grad an Engagement und Begeisterung zu erzielen (S. 86).

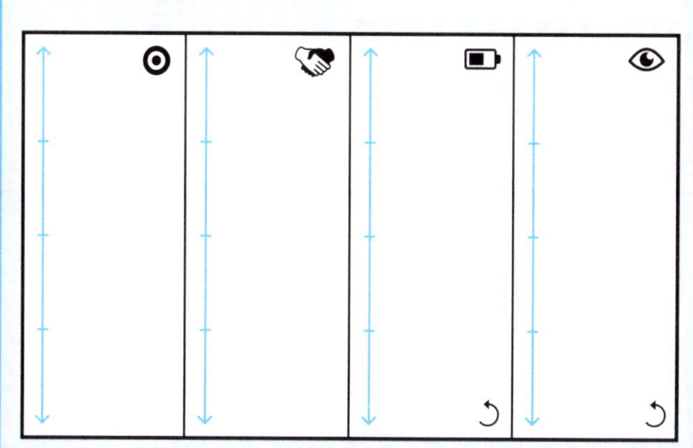

TAM – Assessment-Modus
Lassen Sie nicht zu, dass die blinden Flecken in der Zusammenarbeit Ihre Projekte gefährden. TAM-Assessments sind schnell und decken das Unsichtbare auf visuelle und neutrale Weise auf. Schaffen Sie echte Gelegenheiten für produktive Dialoge sowie kollektive Aha-Momente, die niemanden stigmatisieren, der sich zu Wort meldet, und verstärken Sie das Lernverhalten des Teams (S. 104).

Die vier Erweiterungen für Vertrauen und psychologische Sicherheit

Nutzen Sie die vier Erweiterungen, um

- durch den Teamvertrag die Spielregeln klarzustellen,
- mit dem Faktenfinder gute Fragen zu stellen,
- mit der Respektkarte Wertschätzung für andere zu beweisen,
- mit dem Leitfaden für gewaltfreie Bitten Konflikte konstruktiv beizulegen.

Die Team Alignment Map und der Teamvertrag sind Werkzeuge zum gemeinsamen Arbeiten. Der Faktenfinder, der Leitfaden für gewaltfreie Bitten und die Respektkarte sind Werkzeuge, die Verhaltensänderungen befördern. Sie werden individuell eingesetzt, um Alltagshandlungen zu verbessern.

Verbessert Aktivitäten ●●●●
Verbessert das Klima ●●●●●

Verwenden Sie die vier Erweiterungen, um ein sichereres Teamklima zu schaffen

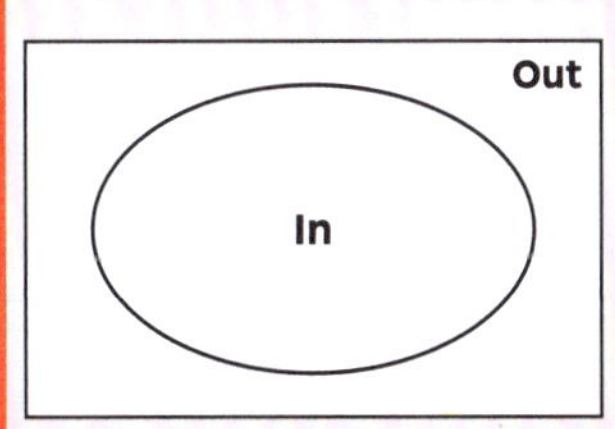

Der Teamvertrag
Legen Sie mit dem Teamvertrag die Teamregeln fest. Sprechen Sie Verhalten, Werte, Entscheidungsfindung und Kommunikation an und klären Sie die Erwartungen im Hinblick auf ein Scheitern als Team. Schaffen Sie eine transparente und faire Umgebung, die Lernverhalten und Harmonie im Team fördert (siehe S. 198).

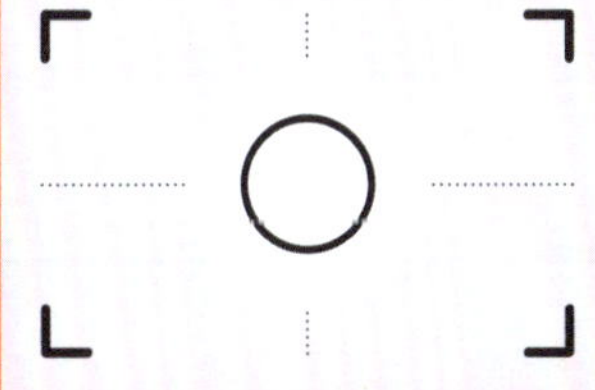

Der Faktenfinder
Der Faktenfinder stellt wirkungsvolle Fragen, die unproduktive Behauptungen, Urteile, Beschränkungen und Verallgemeinerungen in nachweisbare Fakten und Erfahrungen verwandeln. Fragen Sie wie ein Profi – schaffen Sie wieder Klarheit in Diskussionen, wenn Sie verwirrt sind. Schaffen Sie mehr Vertrauen, indem Sie ein echtes Interesse an dem beweisen, was andere sagen (siehe S. 218).

Die Respektkarte
Die Respektkarte gibt Tipps für taktvolles und achtsames Verhalten, indem anderen (a) Wertschätzung und (b) Respekt entgegengebracht wird. Das macht Unterhaltungen aus der Aufgabenperspektive weniger effizient, leistet aber einen großen Beitrag zu einem sichereren Teamklima (siehe S. 234).

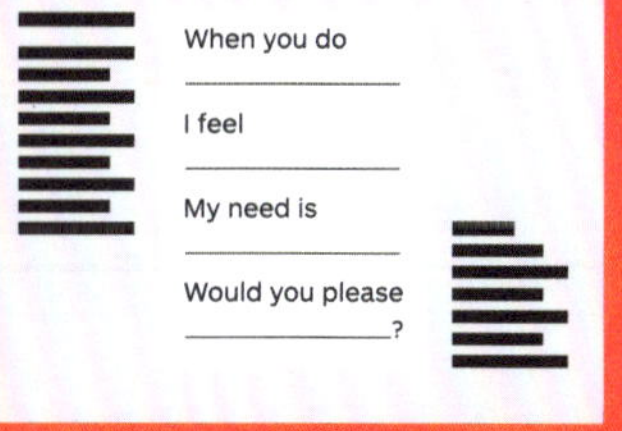

Der Leitfaden für gewaltfreie Bitten
Machen Sie nicht alles noch schlimmer, indem Sie emotional explodieren; lösen Sie Konflikte konstruktiv mit dem Leitfaden für gewaltfreie Bitten. Drücken Sie berechtigte negative Gefühle durch angemessene Wortwahl aus. Helfen Sie anderen auf nicht-aggressive Weise zu verstehen, was falsch ist und was geändert werden sollte, und bewahren Sie die Sicherheit des Teamklimas (siehe S. 250).

Häufige Herausforderungen: Die Team Alignment Map im Einsatz

Bei Meetings

- Das Team fokussieren, S. 134
- Das Engagement der Teammitglieder stärken, S. 136
- Wirksamkeit von Meetings erhöhen, S. 138
- Durchdachte Entscheidungen treffen, S. 140

Bei Projekten

- Projekten zu einem guten Start verhelfen, S. 152
- Die Koordination aufrechterhalten, S. 154
- Aufgabenfortschritte kontrollieren, S. 158
- Risiken verringern (und Spaß dabei haben), S. 162
- Räumlich getrennte Teams koordinieren, S. 164

In Organisationen

- Teams stärken, S. 174
- Große Gruppen mitreißen, S. 176
- Abteilungs- und funktionsübergreifende Zusammenarbeit erleichtern, S. 178
- Ressourcen aushandeln und verteilen, S. 180
- Die TAM mit Strategieprozessen und -Tools integrieren, S. 182
- Die Einsatzfähigkeit von strategischen Initiativen beurteilen, S. 184

Was soll ich als Erstes lesen?

Leiter von Organisationen

Sie werden davon profitieren, die Grundlagen (S. 14) zu lesen und zu lernen, wie Sie Organisationen aus der Isolation holen (S. 168). Führen Sie bessere Gespräche in Ihren Teams, indem Sie sich ein sicheres Verständnis des Faktenfinders (S. 218) verschaffen.

Selbstständige

Sie können mit den Grundlagen (S. 14) anfangen und lernen, wie Sie die TAM einsetzen, um Projekte in der Spur zu halten (S. 146). Schaffen Sie Regeln für ein Team, indem Sie den Teamvertrag (S. 198) unterzeichnen.

Team-Coaches

Sie sollten sicherstellen, dass Sie alles über die Koordination für erfolgreiches Teamwork (S. 14) wissen und eine Antwort kennen auf die Frage: Sind wir noch auf dem richtigen Weg? (S. 104). Darüber hinaus werden Ihnen alle Erweiterungen in Kapitel 3 (S. 191) von Nutzen sein.

Projektleiter

Sie sollten die Grundlagen (S. 14) gut kennen und lernen, wie Sie die TAM nutzen, um Projekte in der Spur zu halten (S. 146). Mithilfe des Teamvertrags (S. 198) können Sie mit Ihrem Team Regeln aufstellen.

Teammitglieder

Verschaffen Sie sich mit den Grundlagen (S. 14) einen raschen Überblick. Dann können Sie lernen, wie Sie handlungsmotivierende Meetings abhalten (S. 132) und mithilfe des Faktenfinders (S. 218) bessere Gespräche führen.

Ausbilder

Sie müssen zunächst die Grundlagen (S. 14) verstehen. Nützlich für Sie sind die Koordination für erfolgreiches Teamwork (Planungsmodus) (S. 86) und das Überprüfen des Teams: Sind wir noch auf dem richtigen Weg? (S. 104).

Entdecken Sie die Team Alignment Map

Was sie ist und wie sie funktioniert

»Zusammenarbeiten allein ist schon Arbeit.«

Herbert Clark, Psycholinguist

Überblick

Verstehen Sie den Aufbau und den Inhalt jeder Spalte, planen und reduzieren Sie Risiken und beurteilen Sie Projekte und Teams.

1.1
Einstieg: Die vier Säulen der Team Alignment Map

Wie man gemeinsame Ziele, das Engagement der Teammitglieder, benötigte Ressourcen und Risiken beschreibt.

1.2
Mit der Team Alignment Map planen, wer was tut (Planungsmodus)

Beginnen Sie mit einem Vorwärtspass (der Plan), dann führen Sie einen Rückpass aus (um Risiken zu verringern).

1.3
Teammitglieder auf Kurs halten (Assessment-Modus)

Nutzen Sie die Team Alignment Map, um die Teambereitschaft zu beurteilen oder allfällige Probleme zu behandeln.

1.1
Einstieg: Die vier Säulen der Team Alignment Map

Wie man gemeinsame Ziele, das Engagement der Teammitglieder, benötigte Ressourcen und Risiken beschreibt.

Der Arbeitsbereich

Der Arbeitsbereich ist in zwei Zonen unterteilt: den Titelbereich zum Gestalten der Zusammenarbeit und den Inhaltsbereich zum Leiten von Meetings im Hinblick auf die vier Säulen. Jede Säule deckt einen wichtigen Aspekt für jede erfolgreiche Zusammenarbeit ab.

Gemeinsame Ziele
S. 54
Was wollen wir konkret gemeinsam erreichen?

Gemeinsames Engagement
S. 62
Wer tut was?

Gemeinsame Ressourcen
S. 70
Welche Ressourcen benötigen wir?

Gemeinsames Risiko
S. 78
Was könnte uns am Erfolg hindern?

Vertiefung
Um den wissenschaftlichen Hintergrund der Team Alignment Map kennenzulernen, lesen Sie bitte S. 272: Gegenseitiges Verständnis und gemeinsame Basis (in der Psycholinguistik).

Titelbereich

Schafft Kontext und Fokus.

Mission

Schafft Bedeutung und Kontext, indem der Zweck des Meetings oder des Projekts erläutert wird (S. 52f.).

Zeitraum

Schafft einen zeitlichen Rahmen in Tagen, Monaten oder eine Frist für den Startpunkt (S. 52f.).

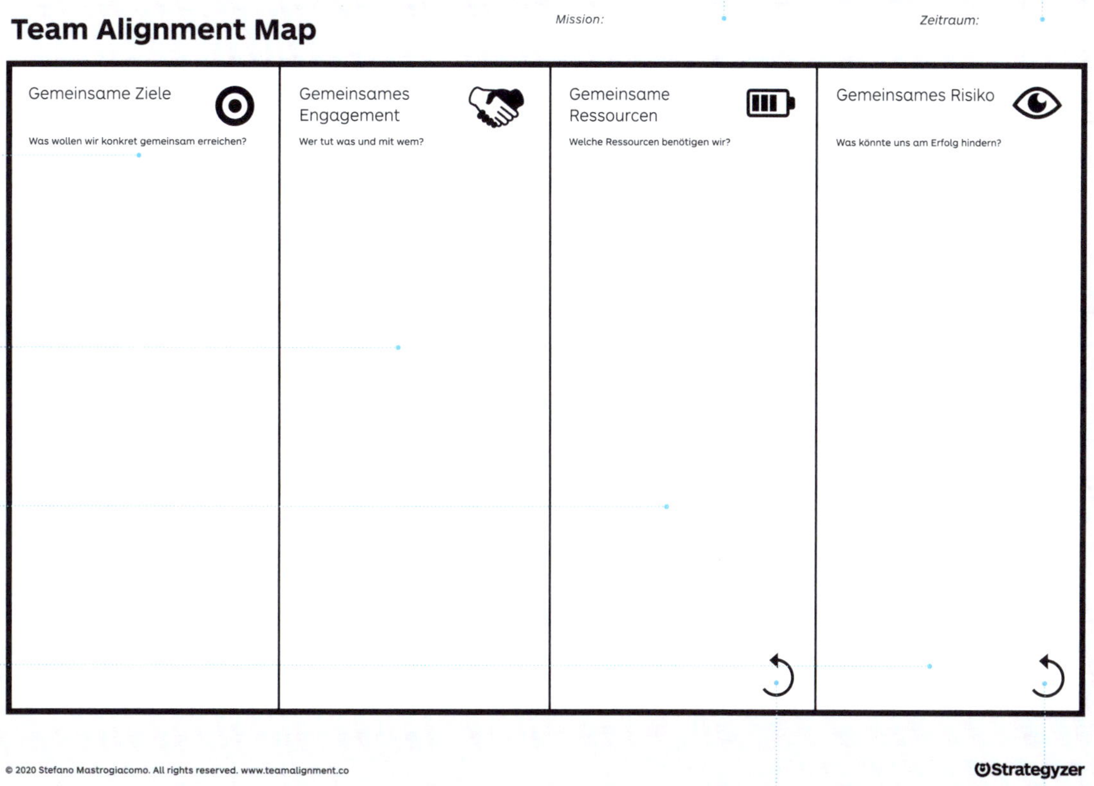

Team Alignment Map
Mission:
Zeitraum:
Gemeinsame Ziele
Was wollen wir konkret gemeinsam erreichen?
Gemeinsames Engagement
Wer tut was und mit wem?
Gemeinsame Ressourcen
Welche Ressourcen benötigen wir?
Gemeinsames Risiko
Was könnte uns am Erfolg hindern?
© 2020 Stefano Mastrogiacomo. All rights reserved. www.teamalignment.co
Strategyzer

Inhaltsbereich

Raum zum Arbeiten.

Rückpassanzeiger

Visuelle Erinnerung daran, dass Risiken als Team angegangen werden müssen (Rückpass, S. 88).

Mission und Zeitraum

Eine Mission ist der Startpunkt jeder Zusammenarbeit – der Leim, der alles zusammenhält. Sie hilft jedem zu verstehen, was auf dem Spiel steht, und liefert eine Begründung für persönliches Engagement, denn

- sie ist ansprechend oder
- jeder ist besorgt oder
- sie ist ein notwendiger Bestandteil der Pflichten aller.

Wenn die Mission unklar ist, fragen die Teilnehmer sich ständig: »Warum bin ich eigentlich hier?« Aufmerksamkeit und Beteiligung lassen nach, das Gespräch springt von einem Thema zum nächsten, die Dialoge werden unzusammenhängend und sorgen bei den Teilnehmern für Verwirrung und häufig für Langeweile.

Zeiträume geben dem Team einen zeitlichen Horizont. Zeitbeschränkungen sind unerlässlich: Sie verhindern exotische Erwartungen in Hinblick auf die Ziele und binden jeden in den Bereich konkreter Handlungen ein.

Der Titelbereich macht den Teilnehmern leicht verständlich, warum sie hier sind, und erzeugt ein Interesse am Zuhören und Mitmachen.

+

Beschreibung bedeutsamer Missionen

Um von einer höheren Begeisterung und Motivation des Teams zu profitieren, beschreiben Sie Missionen positiv und aus der Teilnehmerperspektive. Berücksichtigen Sie diese Kriterien bestmöglich, wenn Sie eine Mission aufschreiben: herausfordernd, kühn, einzigartig, ungewöhnlich oder spaßig.

Beispiel

- SO: Unsere Profitabilität steigern und unsere Gehälter für die nächsten drei Jahre sichern. [Ziel + Nutzen]
- SO NICHT: Kosten um 30 Prozent senken.

Wie von Amy Edmondson beschrieben, müssen sich die Leute über ihre Teammissionen einig und stolz darauf sein, damit sie persönliche Motivation empfinden und für den Erfolg Beziehungs- und technische Hindernisse überwinden (Edmondson und Harvey 2017; Deci und Ryan 1985; Locke und Latham 1990).

Suchbegriffe: Mission Statements; Projekte benennen.

+

»Motivations-Check«

Es ist ideal, wenn eine Mission unter Nutzung der folgenden Aussage validiert werden kann:

Für den gesamten Zeitraum der Mission (M) kann jeder Beteiligte seinem persönlichen Beitrag (X) Bedeutsamkeit verleihen, indem er denkt:

»Ich mache X, weil meine Gruppe M macht und mein X benötigt, und das ist für mich von Bedeutung.«

Mission
Worin besteht die Herausforderung?
Was wollen wir schaffen oder verbessern?

Zeitraum
Für wie lange?
Bis wann?

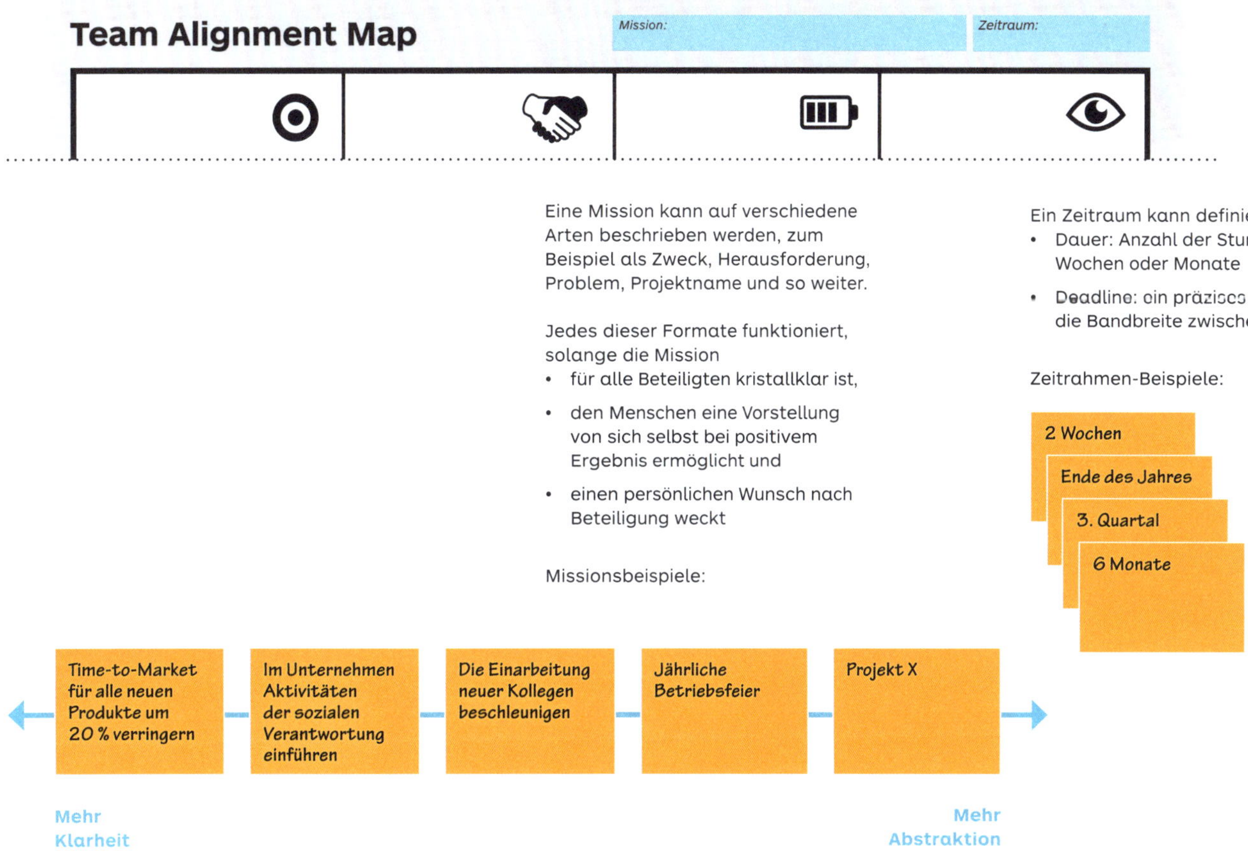

Eine Mission kann auf verschiedene Arten beschrieben werden, zum Beispiel als Zweck, Herausforderung, Problem, Projektname und so weiter.

Jedes dieser Formate funktioniert, solange die Mission

- für alle Beteiligten kristallklar ist,
- den Menschen eine Vorstellung von sich selbst bei positivem Ergebnis ermöglicht und
- einen persönlichen Wunsch nach Beteiligung weckt

Missionsbeispiele:

Ein Zeitraum kann definiert werden als

- Dauer: Anzahl der Stunden, Tage, Wochen oder Monate
- Deadline: ein präzises Datum oder die Bandbreite zwischen zwei Daten

Zeitrahmen-Beispiele:

Gemeinsame Ziele

Was wollen wir konkret gemeinsam erreichen?

Team Alignment Map

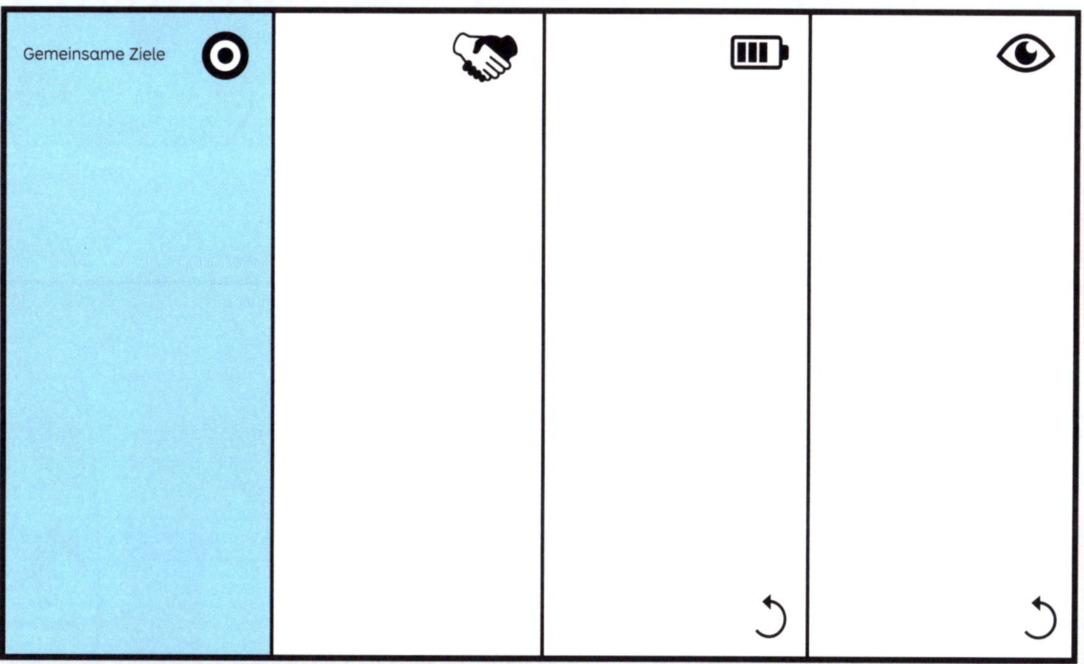

Weiß irgendjemand, was wir machen sollen?

Was sind gemeinsame Ziele?

Klare gemeinsame Ziele sorgen für eine Koordination der Absichten aller Beteiligten in Hinblick auf das, was getan werden muss, formuliert als:

- Zielsetzung (das zu Erreichende)
- Anliegen (messbare Ziele)
- Aktivitäten (was getan werden muss)
- Handlungen (Teile der Aktivitäten)
- Aufgaben (Teile der Handlungen)
- Arbeitseinheiten (Arbeit, die einem Einzelnen übertragen wird)
- Ergebnisse (Folge der Aktivitäten)
- Auswirkungen (Synomym für Ergebnisse)
- Resultate (Synonym für Ergebnisse)
- Produkte, Dienstleistungen (Synonym für Ergebnisse)

Die TAM ist ein semistrukturiertes Werkzeug. Das Entscheidende ist hierbei die Einigung auf umsetzbare Arbeit; sie kann jedoch in Form gebracht werden. Eine typische TAM enthält 3 bis 10 gemeinsame Ziele. Wenn Sie mehr als 10 Ziele haben, fragen Sie das Team, ob die Mission nicht zu breit gefächert oder zu ehrgeizig ist. Sie beschreiben womöglich mehrere Projekte gleichzeitig. Denken Sie in diesem Fall darüber nach, sie auf mehrere TAMs aufzuteilen.

Sich als Team gemeinsame Ziele zu setzen bricht die Mission auf umsetzbare Arbeitseinheiten herunter.

Fragen Sie:

- Was wollen wir konkret zusammen erreichen?
- Was müssen wir tun?
- Was müssen wir schaffen?
- Welche Arbeit muss geleistet werden?

Beispiele

Einen Plan entwickeln

Innenanstrich vornehmen

Einen Berater engagieren

Zugriffsrechte sichern

Verträge abändern

Stromkabel verlegen

Leasingbedingungen verhandeln

Einstiegsprozess standardisieren

Produkt-Backlog aktualisieren

Beispiele für gemeinsame Ziele

Gemeinsame Ziele können mehr oder weniger detailliert beschrieben werden. Es gilt, einen Kompromiss zwischen Klarheit und Geschwindigkeit zu finden.

Ziele

Ein Adjektiv
+ ein Nomen

Ziele sind Zwischenergebnisse auf dem Weg zum Endergebnis.

Endergebnisse

Ein Handlungsverb
+ eine Beschreibung

Ergebnisse sind Resultate, Auswirkungen, Produkte oder Dienstleistungen, die im Falle des Erfolgs eintreten oder sich materialisieren.

Zielvorstellungen

Ein Handlungsverb
+ eine Beschreibung
+ etwas Messbares

Ein zu einem Ziel hinzugefügter Messwert erzeugt eine Zielvorstellung.

Technischer

User Storys

Als ‹ *Position* ›
will ich ‹ *Ziele* ›,
damit ich ‹ *Grund* ›.

User Storys sind eine Technik, um Nutzeranforderungen in der agilen Softwareentwicklung zu beschreiben. Diese Vorgehensweise wird zunehmend auch von anderen Branchen übernommen, um die Zielsetzungen aus Nutzerperspektive darzustellen.

Suchbegriff: User Story

OKR (Objectives and Key Results)

Ziel + Schlüsselergebnisse

OKR ist ein System zur Beschreibung gemeinsamer Zielsetzungen, ursprünglich entwickelt von Andy Grove als CEO von Intel. Die Methode erlangte Berühmtheit, nachdem sie von Google übernommen wurde. Um ein OKR zu schreiben, müssen Sie für jedes Ziel messbare Schlüsselergebnisse festlegen.

Suchbegriff: OKR

Zielformulierung nach der SMART-Formel

SMART steht für spezifisch, messbar, akzeptiert, realistisch und terminiert. Diese Form der Zielformulierung wird für gewöhnlich mit dem populären Konzept »Management by Objectives« in Verbindung gebracht, das Peter Drucker in den 1950er-Jahren vorstellte.

Sie ist sehr nützlich in Situationen, in denen die Ziele keinen regelmäßigen Veränderungen unterliegen.

Suchbegriff: SMART-Formel

+

Beginnen Sie Ihre TAM immer mit der Klarstellung der gemeinsamen Ziele

Die Arbeit kann nicht im Team gelenkt und organisiert werden, wenn die gemeinsame Zielsetzung unklar ist. Es war die Erkenntnis von Thomas Shelling (Pionier der Spieltheorie und Nobelpreisträger), dass »gemeinsames Handeln vom Ziel aus rückwärts entsteht. Zwei Menschen erkennen, dass sie gemeinsame Ziele haben, sie erkennen, dass ihre Handlungen voneinander abhängen, und arbeiten rückwärts, um ihre Handlungen zu einem gemeinsamen Handeln zu koordinieren, das diese Ziele erreicht.« Mit anderen Worten: Ungeachtet seiner Dauer (zum Beispiel drei Wochen, drei Monate oder drei Jahre) hat ein Plan in Bezug auf die Arbeit keinen Wert, wenn die Ziele unklar sind.

+

Zielaufschlüsselung und Granularität

Die Team Alignment Map ist nicht für detaillierte Zielaufschlüsselung und Nachverfolgung entwickelt worden. Das Tool hilft den Beteiligten, sich rasch auf entscheidende Themen zu einigen, um effektiver zusammenzuarbeiten. Wenn ein höheres Maß an Granularität notwendig ist, betrachten und zergliedern Sie die gemeinsamen Ziele nach der Team-Alignment-Sitzung mit einem Projektmanagement-Tool. Validieren Sie anschließend mit dem Team die aufgeschlüsselte Liste.

Suchbegriffe: Projektstrukturplan, Backlog

Gemeinsames Engagement

Wer tut was?

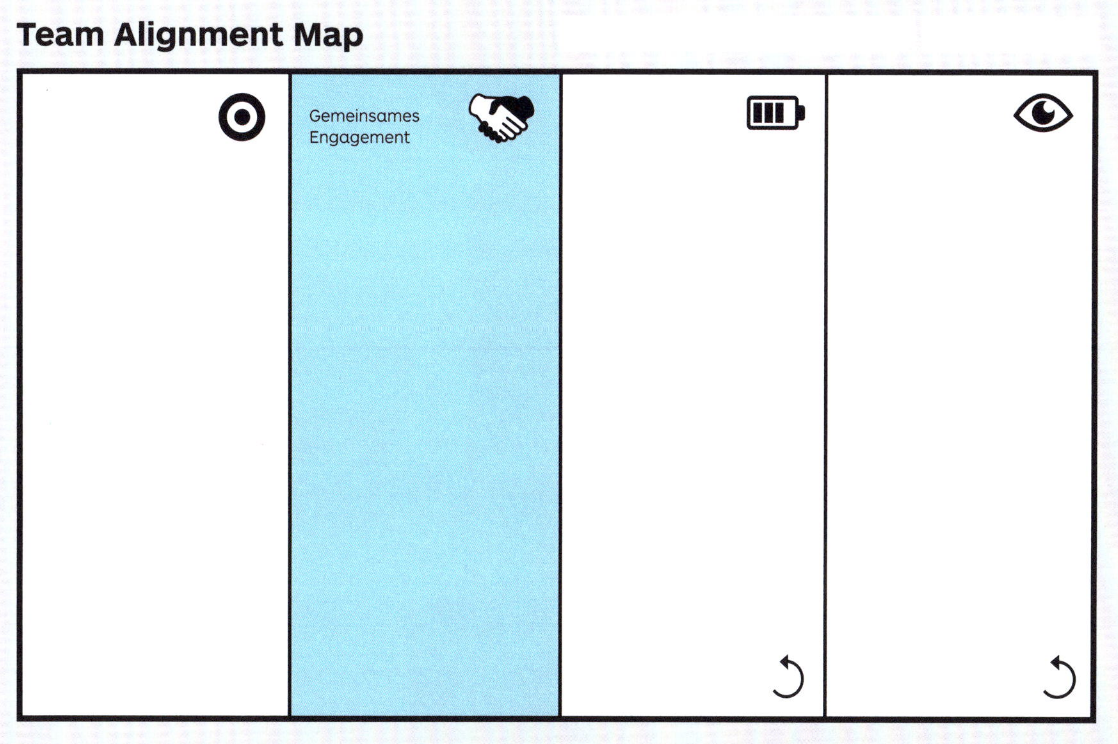
Team Alignment Map
Gemeinsames
Engagement

Klar, ich bin gleich wieder für dich da!

Was ist gemeinsames Engagement?

Durch die Vereinbarung eines gemeinsamen Engagements verpflichten sich die Teammitglieder, ein oder mehrere gemeinsame Ziele zu akzeptieren und auszuführen. Da gibt es nicht viel aufzuschreiben, Namen und leitende Positionen reichen aus. Dennoch spielt das Ritual, bei dem jedes Mitglied vor den anderen eine Verpflichtung eingeht, eine wichtige Rolle. Das kann auf zwei Arten erfolgen:

- Das Teammitglied schreibt seinen Namen neben die Ziele, für die es verantwortlich ist, oder
- das Teammitglied drückt sein Einverständnis aus, indem es sagt: »Okay«, »Ich bin einverstanden«, »Passt mir gut« oder »Ich mach das«, wenn jemand seinen Namen in die Team Alignment Map eingetragen hat.

Uneindeutige Verpflichtungen führen zu mangelnder Verlässlichkeit und treten meist in Teams auf, in denen die Verpflichtungen implizit, also unausgesprochen erfolgen. Unausgesprochene Verpflichtungen schaffen eine Grauzone, in der die Teilnehmer ganz nach Belieben davon ausgehen können, was die anderen tun, und das erhöht die Wahrscheinlichkeit von Verwirrung und Konflikten. Das kann nur durch klare Aussprachen begrenzt werden.

Das Ritual der gemeinsamen Verpflichtung: Entdecken Sie die Arbeit von Margaret Gilbert

Margaret Gilbert ist eine britische Philosophin, die jahrzehntelang die Vorstellung des gemeinsamen Engagements erforscht hat. Ihren Beobachtungen zufolge ist es für die Schaffung eines dauerhaften gemeinsamen Engagements notwendig und ausreichend, dass die Teammitglieder ihre Bereitschaft zum Engagement vor den anderen ausdrücken (Gilbert 2014). Dadurch wird die Verpflichtung zur gemeinsamen Basis oder zum geteilten Wissen (siehe Vertiefung, S. 272). Die offene Einigung auf ein gemeinsames Engagement schafft moralische Pflichten und Rechte. Jedes Teammitglied, das ein Engagement eingeht, hat die moralische Verpflichtung, seinen Teil einzuhalten, und im Gegenzug das Recht, von anderen zu erwarten, dass diese ihren Teil erfüllen. Diese Rechte und Pflichten binden die Teammitglieder und dienen als starke Antriebskraft.

Suchbegriff: Margaret Gilbert Philosophie

Das gemeinsame Engagement macht die Teilnehmer von Individuen zu aktiven Teammitgliedern.

Team Alignment Map

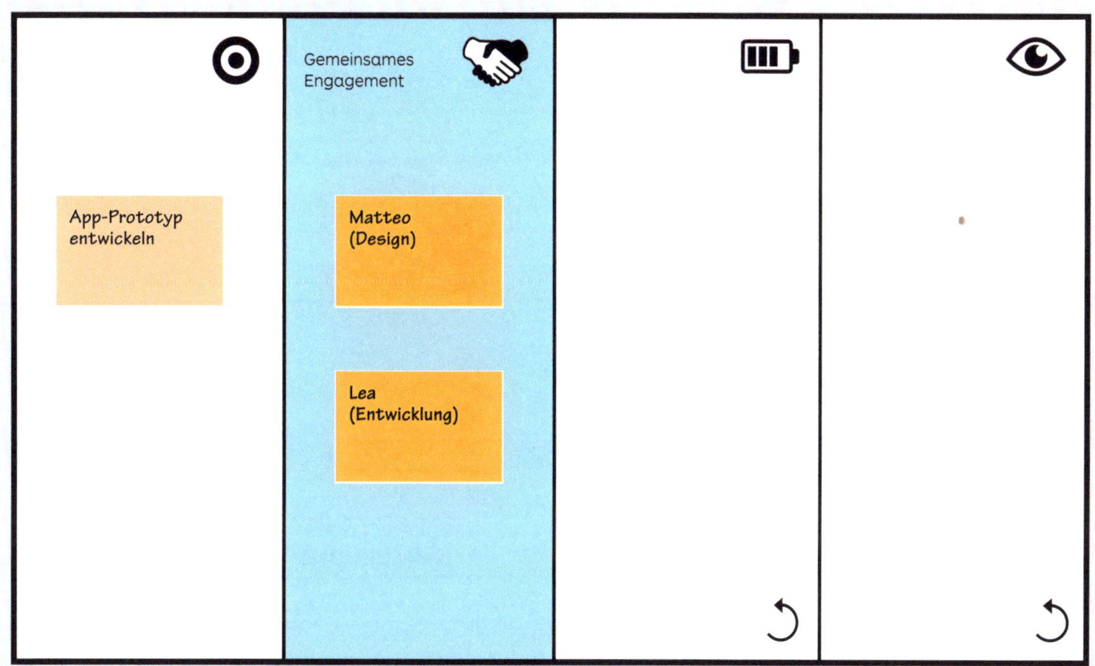

Fragen Sie:

- **Wer macht was?**
- Wer verpflichtet sich wozu?
- Wie arbeiten wir zusammen?
- Welche Funktion hat jeder?

Gemeinsames Engagement steht für gewöhnlich rechts vom entsprechenden gemeinsamen Ziel.

Beispiele für gemeinsames Engagement

Gemeinsames Engagement kann nur aus einem Namen bestehen oder aus einem Namen mit einer Liste übergeordneter Aufgaben. Wichtig ist, dass jeder versteht, wer was macht, und damit einverstanden ist.

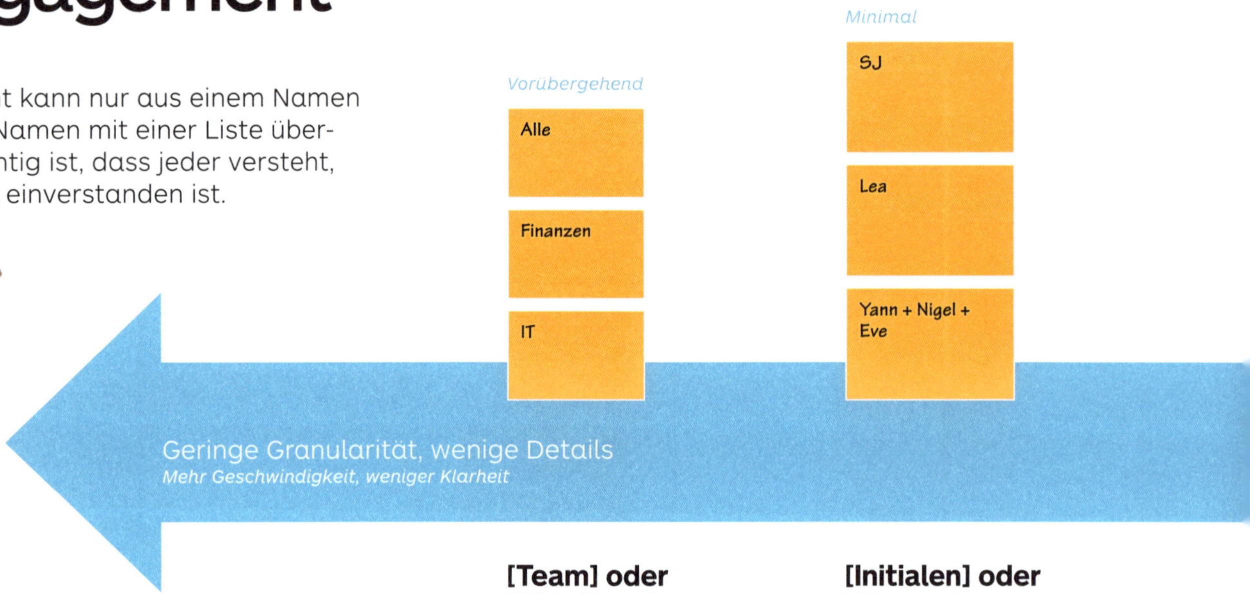

Vorübergehend

Alle

Finanzen

IT

Minimal

SJ

Lea

Yann + Nigel + Eve

Geringe Granularität, wenige Details
Mehr Geschwindigkeit, weniger Klarheit

[Team] oder [Abteilung]

Ein Teamname ist sinnvoll, wenn nicht alle Verpflichtungen von vornherein geklärt werden können. Das ist die schnellste Methode, aber das Engagement bedarf noch der weiteren Klärung, um Missverständnisse zu vermeiden.

[Initialen] oder [Namen]

Initialen und Vornamen sind schnell und nützlich für Teammitglieder, die an die Zusammenarbeit gewöhnt sind.

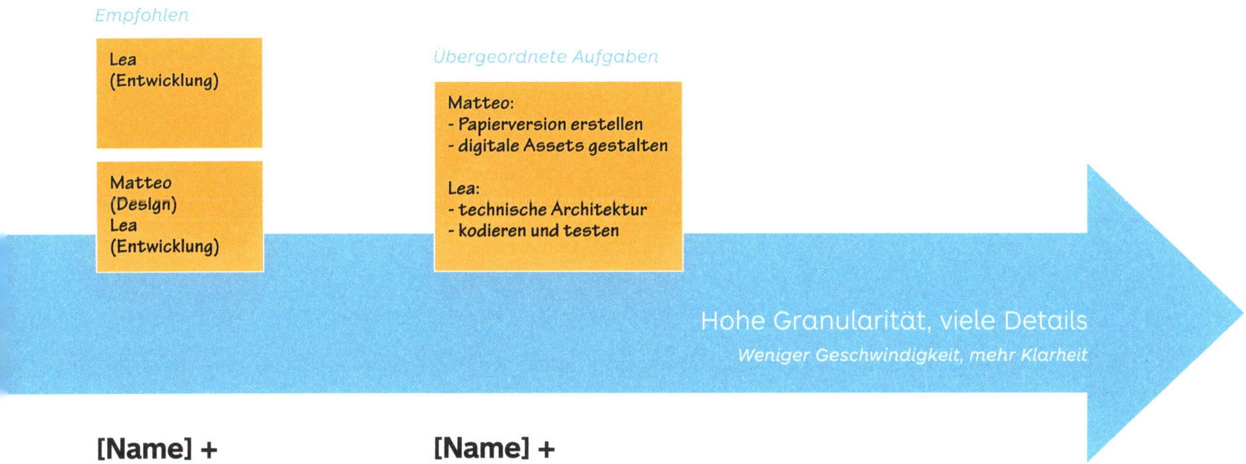

Empfohlen

Lea
(Entwicklung)

Matteo
(Design)
Lea
(Entwicklung)

Übergeordnete Aufgaben

Matteo:
- Papierversion erstellen
- digitale Assets gestalten

Lea:
- technische Architektur
- kodieren und testen

Hohe Granularität, viele Details

Weniger Geschwindigkeit, mehr Klarheit

[Name] + [Position]

Wenn zusätzlich zum Namen noch die jeweilige Funktion oder der Aufgabenbereich der Person genannt wird, schafft das mehr gegenseitige Klarheit, ohne die Koordinations-Session zu verlangsamen.

[Name] + [Hauptaufgaben/Zuständigkeiten]

Übergeordnete Aufgaben können ebenfalls hinzugefügt werden. Diese längere Vorgehensweise wird manchmal bei neu zusammengestellten Teams verwendet. Teilen Sie keine Unteraufgaben zu, die sich auf ein Ziel in der Spalte Gemeinsame Ziele beziehen, um Verwirrung im Team darüber zu vermeiden, was in welche Spalte gehört.

Gemeinsame Ressourcen

Welche Ressourcen benötigen wir?

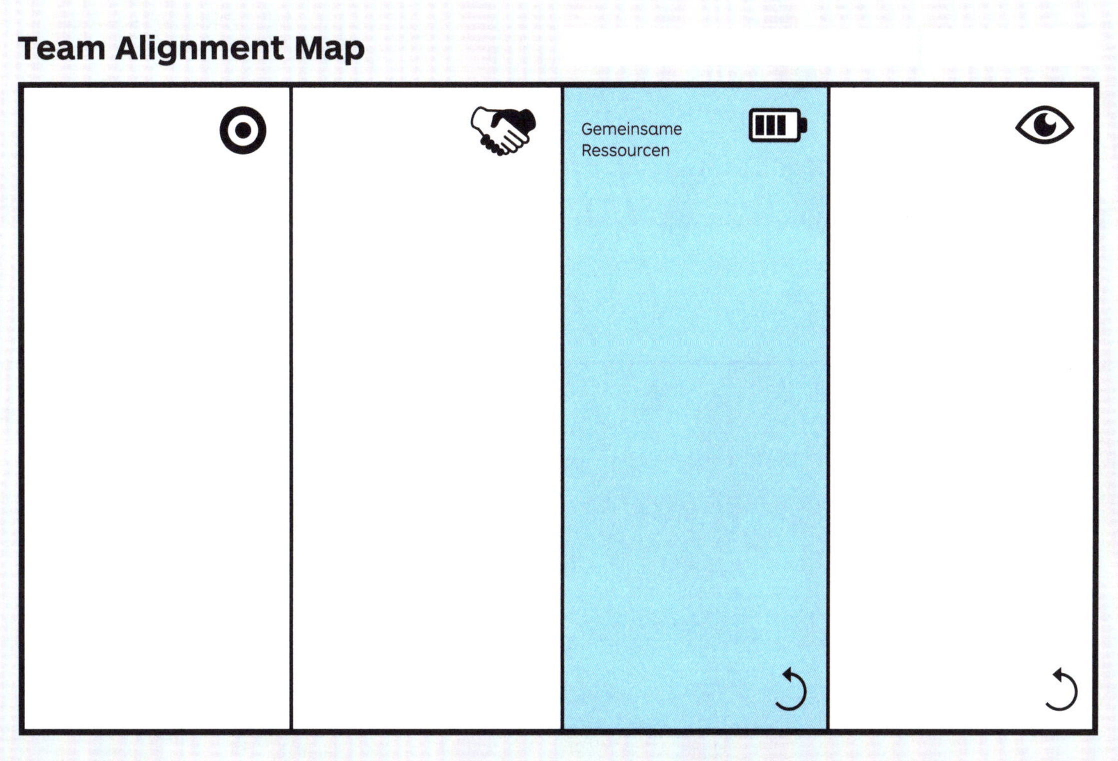
Team Alignment Map
Gemeinsame
Ressourcen

Mir fehlen Ressourcen!
Mir fehlen Ressourcen!

Mir fehlen Ressourcen!

Was sind gemeinsame Ressourcen?

Jede menschliche Aktivität erfordert Ressourcen wie zum Beispiel Zeit, Kapital oder Ausstattung. Die Beschreibung der gemeinsamen Ressourcen besteht aus einer Schätzung dieser Erfordernisse, damit jedes Teammitglied sich erfolgreich beteiligen kann. Das verankert das Team in der realen Welt, indem es das gemeinsame Bewusstsein dessen stärkt, was letztlich zum Erfüllen der Mission notwendig ist.

Wenn Ressourcen fehlen, verlieren Teams die Leistungsfähigkeit, weil die Individuen festhängen. Der Workflow wird unterbrochen und die ordnungsgemäße Erfüllung der Mission ist in Gefahr. Das Einschätzen und Aushandeln der Ressourcen ist zentral, aber nicht ausreichend. Die Ressourcen müssen dann auch zugeteilt werden, also für die Arbeit der Teammitglieder zur Verfügung stehen. Zögern Sie im Zweifelsfall nicht, auf diesem Punkt zu beharren.

\+
Ressourcenstatus

Der Status einer Ressource kann wie folgt dargestellt werden:

Gemeinsame Ressourcen lassen das Team einschätzen, was jedes Teammitglied braucht, um seinen Anteil zu leisten.

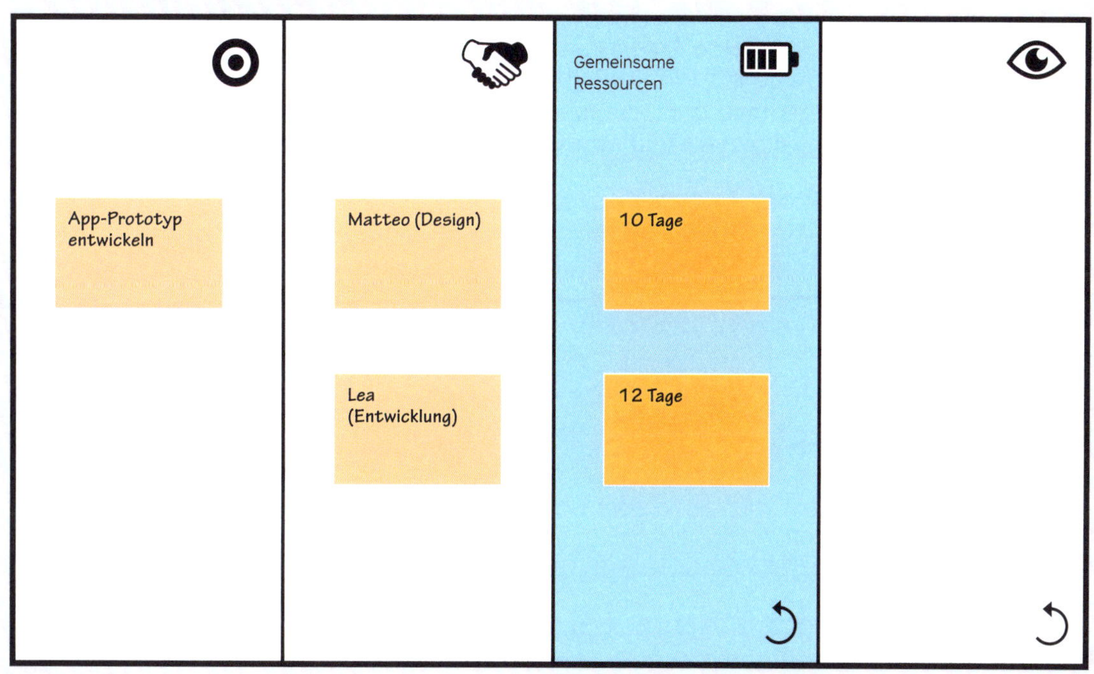

Fragen Sie:

- **Welche Ressourcen brauchen wir?**
- Was sollte zur Verfügung gestellt oder gekauft werden?
- Was fehlt, damit jeder erfolgreich mitwirken kann?
- Welches sind die notwendigen Mittel, um unsere Arbeit auszuführen?

Beispiele

100 Brief-umschläge

3 Kohlköpfe

Zeit zum Testen

Genehmigung

Aktualisierte Prozesse

Moderations-training

Budget: 32.000 €

Raum-reservierung

Marketing-manager einstellen

Beispiele für gemeinsame Ressourcen

Wenn ein Teammitglied etwas braucht, um seine Arbeit zu tun, dann ist das eine Ressource! Der Ressourcenbedarf kann mit mehr oder weniger Genauigkeit dargestellt werden; es muss immer ein Kompromiss zwischen Geschwindigkeit und Klarheit geschlossen werden.

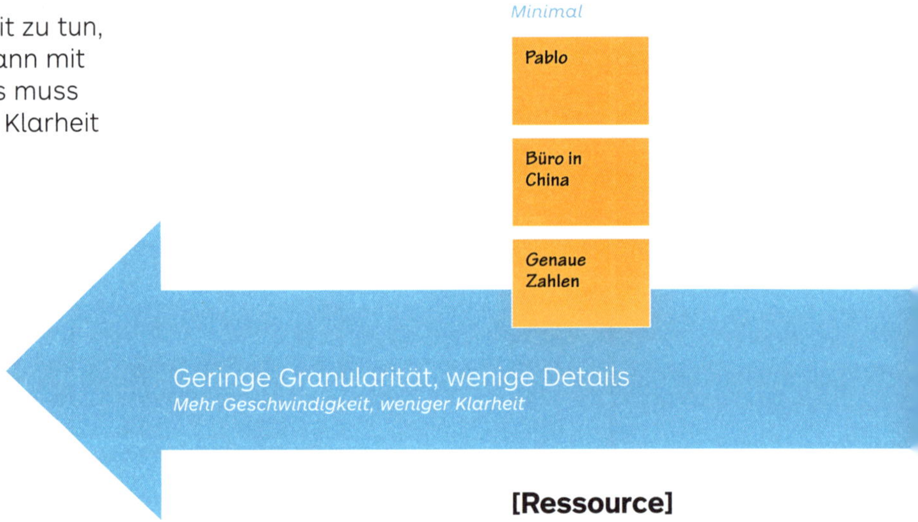

Minimal

Pablo

Büro in China

Genaue Zahlen

Geringe Granularität, wenige Details
Mehr Geschwindigkeit, weniger Klarheit

[Ressource]

Das Bestimmen der Ressourcen kann ein erster Schritt sein. Das lenkt das Gespräch in die richtige Richtung, es stellt also fest, was gebraucht wird, um die Aufgabe zu erfüllen.

Empfohlen

Pablo – 10 Tage

Flyer – 100 Stück

Reisebudget 20.000 €

Mit Einschränkungen

Wir brauchen Pablo für 10 Tage bei maximalen Kosten von 1.500 €/Tag

100 Flyer drucken (benötigt vor 3. Juni)

20.000 € Reisebudget vor Ende der Woche bestätigen

Hohe Granularität, viele Details

Weniger Geschwindigkeit, mehr Klarheit

[Ressource] + [geschätzte Menge]

Das Benennen und Quantifizieren der Ressourcen schafft ein hohes Maß an Einigkeit und Realismus bei den Teammitgliedern. Schlagen Sie eine Zeitspanne oder eine Bandbreite vor (1–10; 20.000–80.000 €), wenn es schwierig ist, eine konkrete Schätzung abzugeben.

[Verb] + [geschätzte Menge] + [Ressource] + [Einschränkung]

Diese längere Vorlage kann das Team koordinieren, wenn ein hohes Maß an Genauigkeit für entscheidende Ressourcen nötig ist. Es kommt nur in bestimmten Fällen zur Anwendung.

+

Ressourcen-Checkliste

- ☐ Menschen: zum Beispiel Personaldecke, Arbeitsstunden, Qualifikationen (technisch, sozial), Ausbildung, Motivation
- ☐ Ausstattung und Tools: zum Beispiel Schreibtische, Konferenzräume, Möbel, Fahrzeuge, Maschinen
- ☐ Finanzen: zum Beispiel Budget, Bargeld, Kredit
- ☐ Material: zum Beispiel Rohstoffe, Vorrat
- ☐ Technologie: zum Beispiel Anwendungen, Computer, Online-Dienste, Anforderungen an die Netzwerk-Infrastruktur
- ☐ Informationen: zum Beispiel Dokumente, Daten, Zugangsrechte
- ☐ Recht: zum Beispiel Copyrights, Patente, Genehmigungen, Verträge
- ☐ Organisation: zum Beispiel Prozesse, interne Unterstützung, Entscheidungen

Gemeinsame Risiken

Was könnte uns am Erfolg hindern?

Team Alignment Map

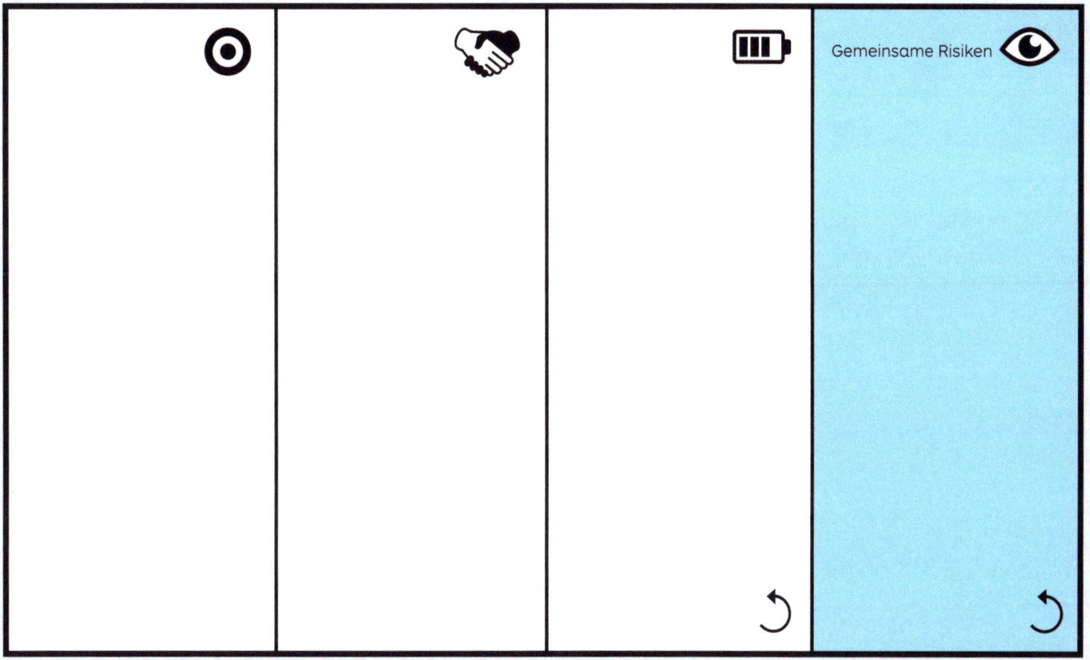

Ich hab' doch gesagt, du bist zu schnell.

Was sind gemeinsame Risiken?

Risikofreie Projekte bringen … nichts. Alle Projekte bringen Risiken mit sich, je nach dem ihnen zugrunde liegenden Grad an Ungewissheit. Risiken sind Ereignisse, die im Falle ihres Eintretens unerwünschte Hindernisse schaffen. Diese Hindernisse machen es für das Team schwieriger, die Mission zu erfüllen. Sie können sich negativ auf die Kosten, die Deadlines oder die Qualität der Ergebnisse auswirken und sogar persönliche Beziehungen schädigen. Im schlimmsten Fall kann ein auftretendes Risiko das ganze Projekt und das gesamte Team scheitern lassen.

Die Team Alignment Map hilft, das Projektrisiko in drei Hauptschritten zu verringern:

1. Risikoidentifikation
   Durch Ausfüllen der Spalte »Gemeinsame Risiken«

2. Risikoanalyse
   Durch Besprechen der Risikoanfälligkeit jedes Eintrags

3. Risikovermeidung
   Durch Ausführen eines Rückpasses
   (lesen Sie bitte S. 88)

Diskussionen über Risikomanagement sind wichtig: Sie erhöhen die Resilienz des Teams – und damit die Wahrscheinlichkeit für ein erfolgreiches Erfüllen der Mission.

+
Risikoanfälligkeit

Eine einfache Technik ist das Kennzeichnen der Risikoanfälligkeit durch eine Zahl oder einen Buchstaben in der Notiz.

Zum Beispiel: H = Hoch, M = Mittel, G = Gering

(Risikoanfälligkeit = Risikowahrscheinlichkeit x Risikoauswirkung)

+
Professionelles Risikomanagement

Die TAM ist für eine spontane, rasche Risikoeinschätzung geeignet; sie ist kein Ersatz für eingehende Risikoanalysen und Management-Tools. Bitte greifen Sie in einem solchen Fall auf professionelle Techniken zurück.

Suchbegriffe: Risikomanagement, Risikomanagementprozess, Risikomanagement-Tools.

Gemeinsame Risiken lassen das Team potenzielle Probleme proaktiv voraussehen und beheben.

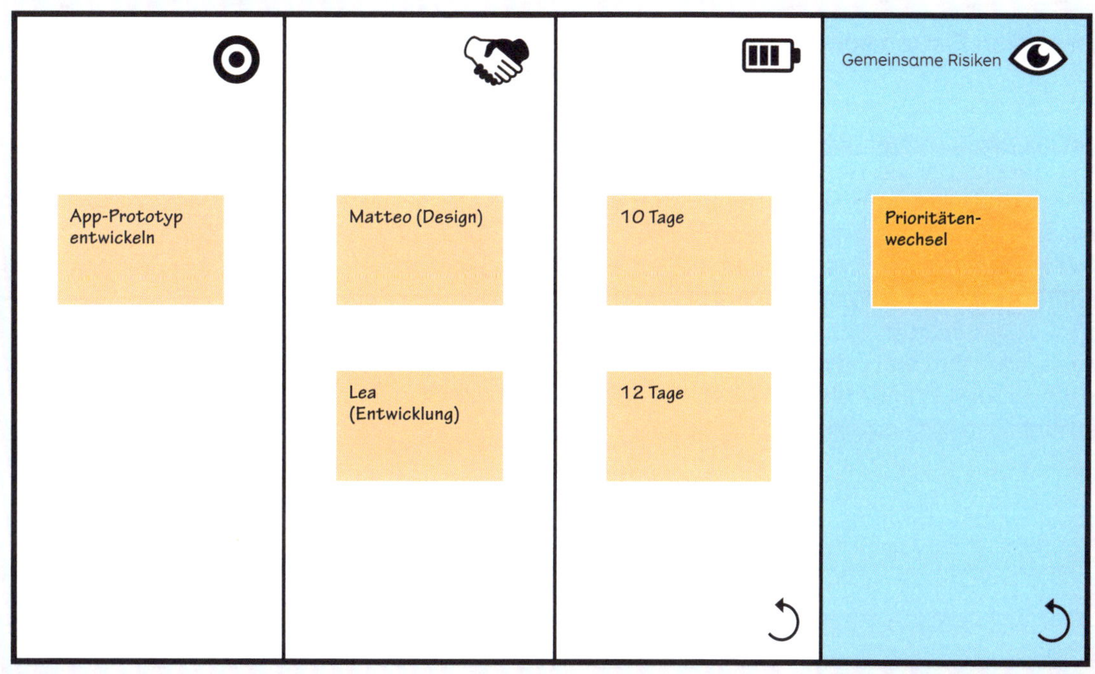

Fragen Sie:

- **Was kann uns am Erfolg hindern?**
- Was könnte schiefgehen?
- Welches ist unser Worst-Case-Szenario?
- Welches sind Probleme/Bedrohungen/Gefahren/Nebeneffekte beim Erreichen unserer Ziele?
- Gibt es bestimmte Ängste/Einwände?
- Was würde uns dazu bringen, einen Plan B in Betracht zu ziehen?

Beispiele

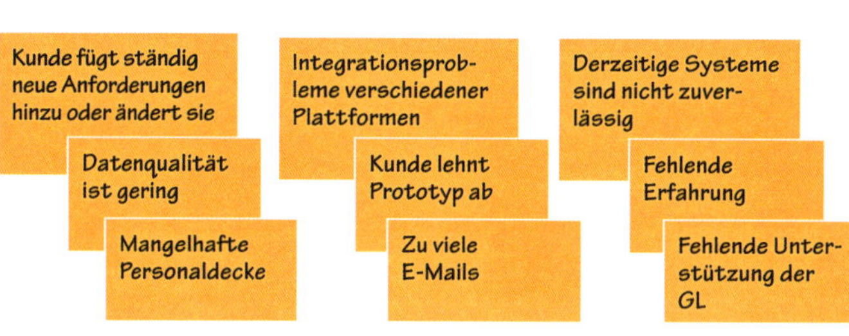

Beispiele für gemeinsame Risiken

Bei der Beschreibung von Risiken sollte Pragmatismus vorherrschen.

Im Extremfall kann so viel schiefgehen, dass das Team mehr Zeit mit der akkuraten Beschreibung von Risiken verbringen könnte als mit der Arbeit am Erfüllen der Mission. Das andere Extrem, also übertriebener Optimismus und der Verzicht auf jegliche Risikoidentifikation, kann das Projekt aus leicht vermeidbaren Gründen zum Scheitern bringen. Ein Kompromiss besteht darin, die Risiken kurz und bündig zu beschreiben und nur die potenziellen Probleme mit der höchsten Risikoanfälligkeit weiter auszuführen.

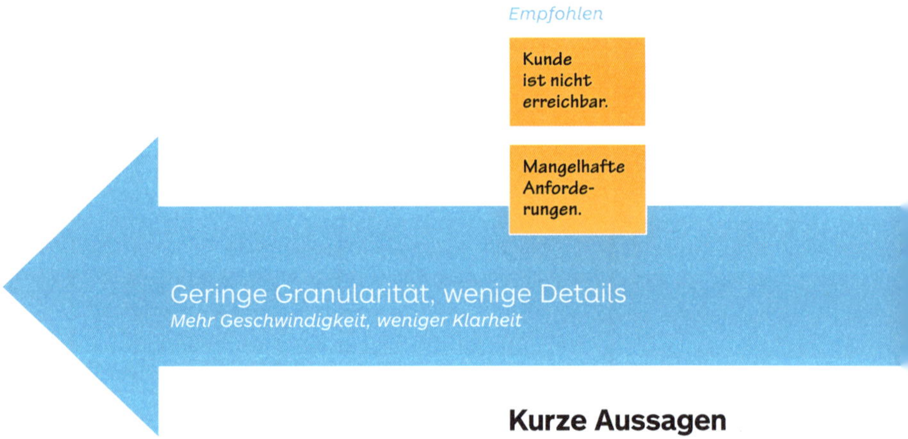

Empfohlen

Kunde ist nicht erreichbar.

Mangelhafte Anforderungen.

Geringe Granularität, wenige Details
Mehr Geschwindigkeit, weniger Klarheit

Kurze Aussagen

Eine kurze Aussage ist besser als gar keine Risikoidentifikation. Das ist der Grundgedanke der Risikoeinschätzung mit der Team Alignment Map.

Mit Konsequenz

Nicht erreichbarer Kunde kann massive Verzögerungen verursachen.

Schlechte Eingangsvoraussetzungen können zu Server-Ausfallzeiten führen.

Detailliert

Nichterreichbarkeit des Kunden durch Zeitverschiebung kann zu Verzögerungen von 6 bis 12 Monaten und Kostenanstieg von 40 % führen.

Schlechte Eingangsvoraussetzungen aufgrund überlasteter Systemtechniker können zu fehlkonfigurierten Servern und 30 bis 60 % Ausfall führen.

Es besteht das Risiko, dass der Kunde nicht erreichbar ist, weil er in einer anderen Zeitzone lebt, was eine Verzögerung von 6 bis 12 Monaten und einen Kostenanstieg von 40 % verursachen könnte.

Es besteht das Risiko, dass wir schlechte Eingangsvoraussetzungen haben, weil die Systemtechniker überlastet sind, was zu fehlkonfigurierten Servern und 30 bis 60 % Ausfall führen könnte.

Hohe Granularität, viele Details

Weniger Geschwindigkeit, mehr Klarheit

[Risiko] kann zu [Konsequenz] führen

[Ereignis] verursacht durch [Grund/Gründe] kann zu [quantifizierbare Folgen für gemeinsame Ziele] führen

Es besteht das Risiko von [Ereignis] aufgrund von [Grund/Gründe], was zu [quantifizierbare Folgen für gemeinsame Ziele] führen kann.

+

Risiko-Checkliste

- ☐ Intern: zum Beispiel durch das Team selbst ausgelöste Risiken, Fehler, Defekte, mangelnde Vorbereitung, mangelnde Qualifikation, Qualität der Leistungen, Kommunikationsfehler, Besetzung, Positionen, Konflikte etc.
- ☐ Ausstattung: zum Beispiel durch technische Probleme ausgelöste Risiken, vom Team verwendete Produkte und Dienstleistungen, unzureichende Qualität der Werkzeuge, Gebäude etc.
- ☐ Organisation: zum Beispiel durch die Führung und andere Teams in derselben Organisation ausgelöste Risiken, fehlende Unterstützung, Politik, Logistik, Finanzierung etc.
- ☐ Extern: zum Beispiel durch Kunden ausgelöste Risiken, Endnutzer, Zulieferer, behördliche Probleme, Finanzmärkte, Wetterbedingungen etc.

+

Die Vorlagen auf der rechten Seite sind eher formal und beschreiben die Risiken detaillierter. Sie erhöhen jedoch deutlich das Bemühen um Koordination. Um das Team nicht zu entmutigen, sollten Sie kürzere Aussagen bevorzugen wie die auf der linken Seite und die detaillierten Vorlagen als zusätzliche Hilfen bei der Diskussion nutzen. Wenn nötig, wechseln Sie zu professionellen Risikomanagement-Tools.

1.2
Mit der Team Alignment Map planen, wer was macht (Planungsmodus)

Beginnen Sie mit einem Vorwärtspass, um den Plan zu erstellen, und führen Sie dann einen Rückpass aus, um Risiken zu verringern.

Vorwärtspass und Rückpass

Die Planung mit der Team Alignment Map ist ein zweistufiger Prozess.

1,2,3,4,5
Der Vorwärtspass

Der erste Teil des Prozesses, als Vorwärtspass bezeichnet, besteht aus gemeinsamer Planung. Die Teilnehmer beschreiben, was nötig ist, um erfolgreich zusammenzuarbeiten, indem sie jede Spalte in logischer Reihenfolge von links nach rechts ausfüllen. Das erzeugt ein Gesamtbild, sowohl hinsichtlich der Erwartungen als auch der Probleme, anhand dessen die Beteiligten über die Erhöhung ihrer Erfolgschancen nachdenken können.

Der Vorwärtspass bringt alle als echtes Team zusammen. Die Teammitglieder betrachten gemeinschaftlich die Beiträge und Bedürfnisse der anderen; es entwickelt sich ein gemeinsames Verständnis.

6,7
Der Rückpass

Der zweite Teil wird als Rückpass bezeichnet und zielt darauf ab, das Umsetzungsrisiko zu verringern. Praktisch formuliert besteht dieser Teil daraus, so viel wie möglich aus den beiden letzten Spalten zu entfernen. Dazu werden Inhalte aus der restlichen Map erzeugt, übernommen und entfernt. Mit anderen Worten, latente Probleme wie etwa fehlende Ressourcen und offene Risiken werden in neue Ziele und neues Engagement umgewandelt.

Das gemeinsame visuelle Lösen und Beheben von Problemen schafft ein Gefühl des Fortschritts. Motivation und Engagement wachsen, wenn die Teilnehmer sehen, wie die von ihnen beschriebenen Risiken verschwinden, weil sie richtig angegangen werden. Das ermöglicht auch ganz am Ende des Rückpasses eine Bestätigung der Mission und des Zeitraums.

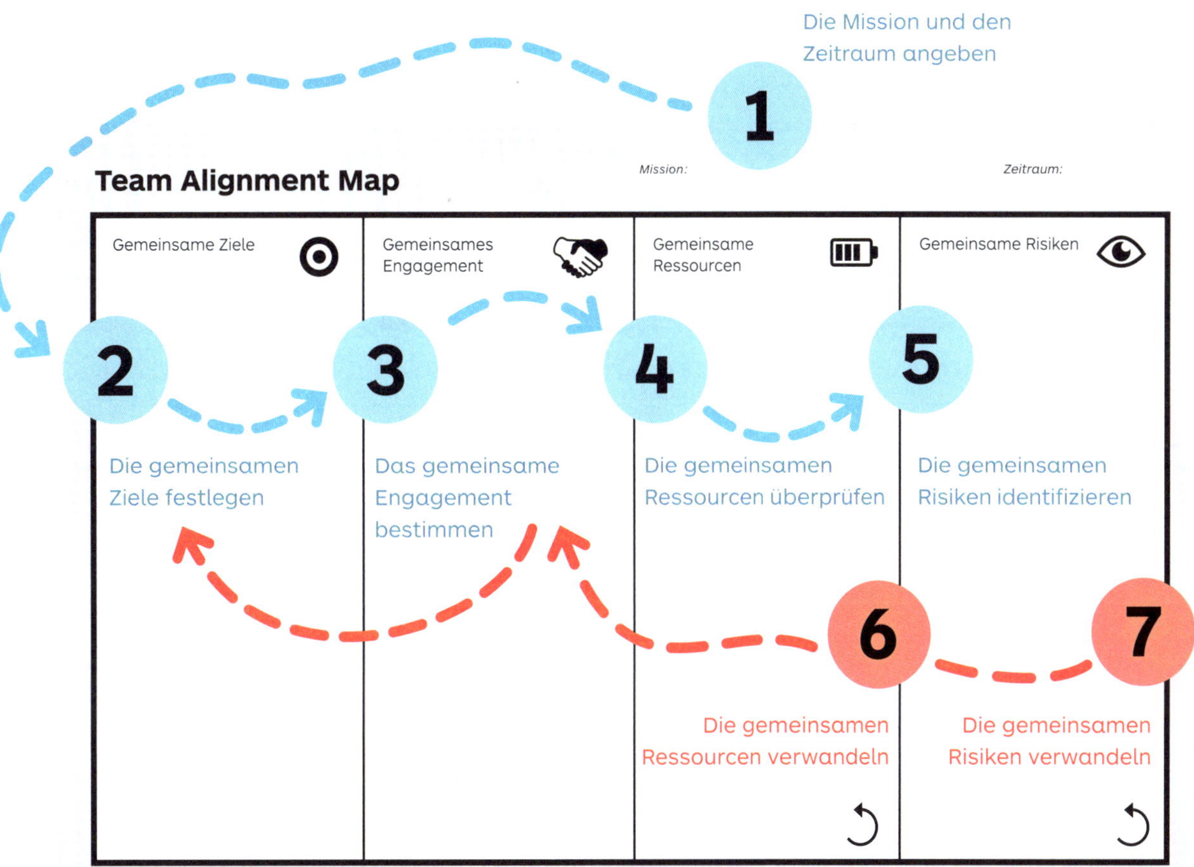
Die Mission und den
Zeitraum angeben
1
Team Alignment Map
Mission:
Zeitraum:
Gemeinsame Ziele
Gemeinsames
Engagement
Gemeinsame
Ressourcen
Gemeinsame Risiken
2
3
4
5
Die gemeinsamen
Ziele festlegen
Das gemeinsame
Engagement
bestimmen
Die gemeinsamen
Ressourcen überprüfen
Die gemeinsamen
Risiken identifizieren
6
7
Die gemeinsamen
Ressourcen verwandeln
Die gemeinsamen
Risiken verwandeln

Praktisches Beispiel

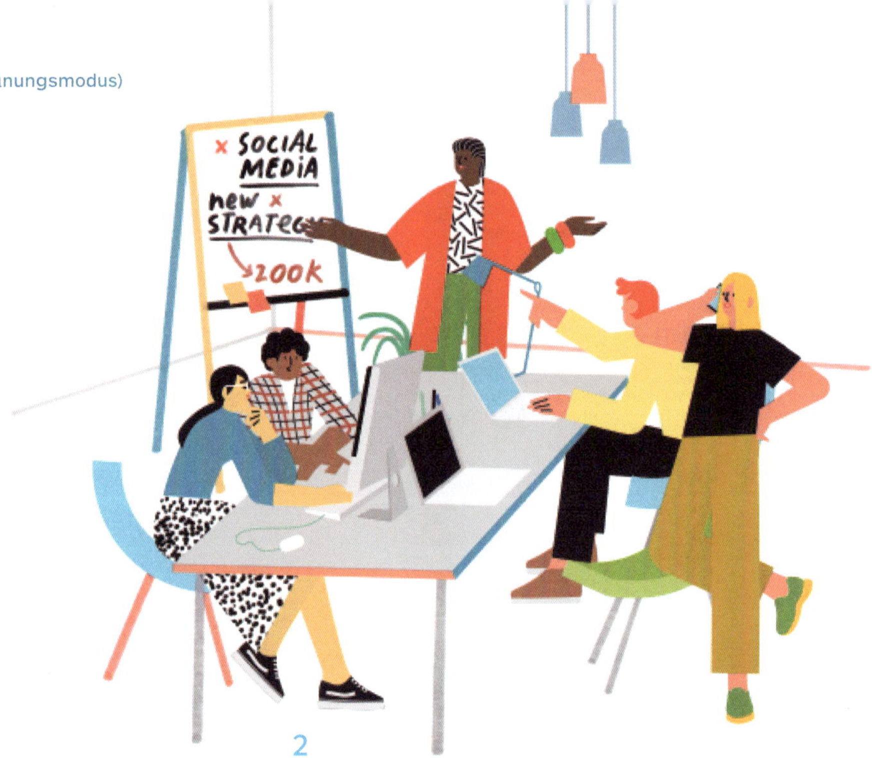
SOCIAL MEDIA
new
200K

Der Vorwärtspass
Eine Social-Media-Strategie entwickeln

Honora, Pablo, Matteo, Tess und Lou arbeiten für eine Kommunikationsagentur. Ihre Mission ist, in Rekordzeit eine Social-Media-Strategie für einen wichtigen Kunden zu entwickeln. Sie beschließen, sich mit der Team Alignment Map abzustimmen, und dies ist das Ergebnis des Vorwärts- und des Rückpasses.

1
Die Mission und den Zeitraum angeben

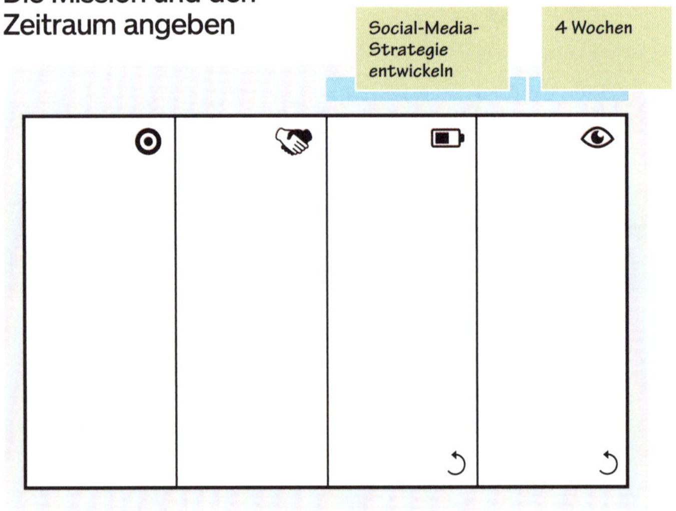
Social-Media-Strategie entwickeln
4 Wochen

2
Die gemeinsamen Ziele festlegen

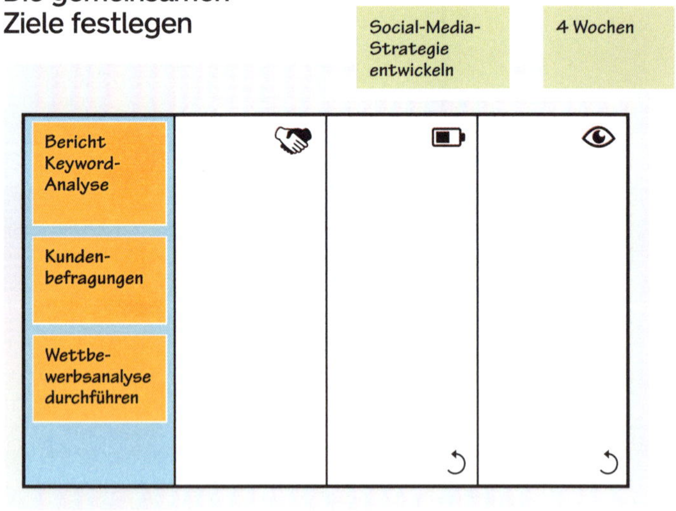
Social-Media-Strategie entwickeln
4 Wochen
Bericht Keyword-Analyse
Kunden-befragungen
Wettbe-werbsanalyse durchführen

3

Das gemeinsame Engagement bestimmen

Social-Media-Strategie entwickeln | 4 Wochen

Bericht Keyword-Analyse	Honora: analysieren Matteo: schreiben		
Kunden-befragungen	Alle		
Wettbe-werbsanalyse durchführen	Pablo, Tess, Lou		

4

Die gemeinsamen Ressourcen überprüfen

Social-Media-Strategie entwickeln | 4 Wochen

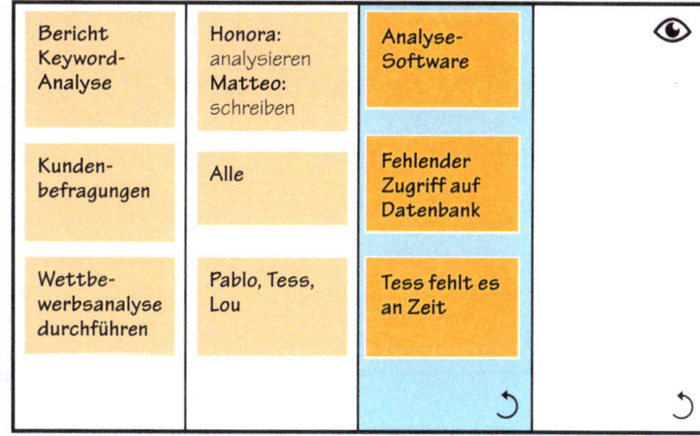

5

Die gemeinsamen Risiken identifizieren

Social-Media-Strategie entwickeln | 4 Wochen

Bericht Keyword-Analyse	Honora: analysieren Matteo: schreiben	Analyse-Software	Kunde ist nicht erreichbar
Kunden-befragungen	Alle	Fehlender Zugriff auf Datenbank	Blindes Vertrauen auf Daten
Wettbe-werbsanalyse durchführen	Pablo, Tess, Lou	Tess fehlt es an Zeit	

Praktisches Beispiel

Der Rückpass
Eine Social-Media-Strategie entwickeln

6
Die gemeinsamen Ressourcen verwandeln

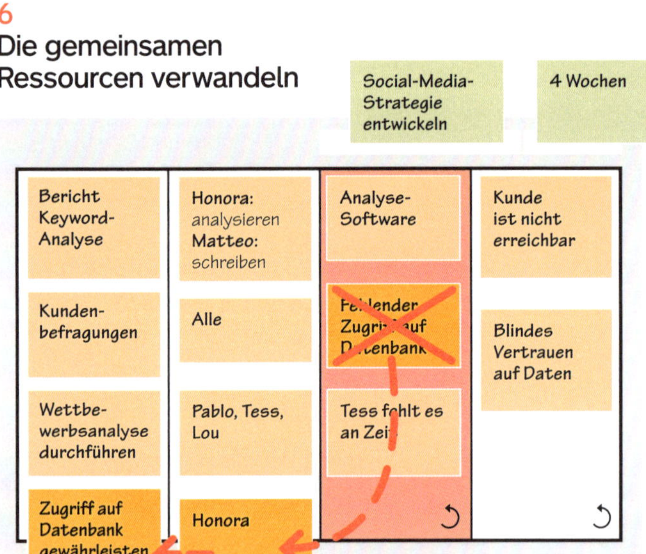

- Analyse-Software: Die Analyse-Software ist verfügbar, die Notiz ist überprüft und es muss nichts Bestimmtes gemacht werden.
- Fehlender Zugriff auf Datenbank: Honora weiß, wie das Team Zugriff auf die Datenbank erhalten kann, also erstellt sie ein neues Ziel und neues Engagement. Die fehlende Ressource wird aus der Spalte entfernt.
- Tess fehlt es an Zeit: Eine Lösung muss noch gefunden werden, deshalb bleibt das Element in dieser Spalte.

7

Die gemeinsamen Risiken verwandeln

- Kunde ist nicht erreichbar: Es besteht das Risiko, dass der Kunde für die Befragungen nicht erreichbar ist; deshalb verpflichtet sich Matteo, alle Besprechungen im Vorfeld zu planen. Das Risiko wird aus der Spalte entfernt.
- Blindes Vertrauen auf Daten: Hier kann nichts weiter getan werden, als das Risiko im Sinn zu behalten. Das Team einigt sich darauf, dieses Risiko als Erinnerung stehen zu lassen.

Teamvalidierung

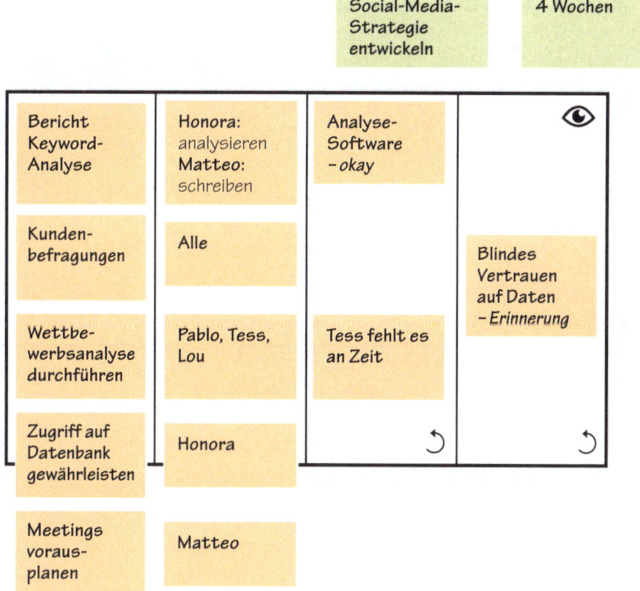

- Das Team ist sich einig, dass die Arbeit beginnen kann.
- Es muss noch eine Lösung gefunden werden, um mehr Zeit für Tess zu schaffen.
- Jeder weiß es und das macht einen großen Unterschied für sie.

Beispiel zu Hause

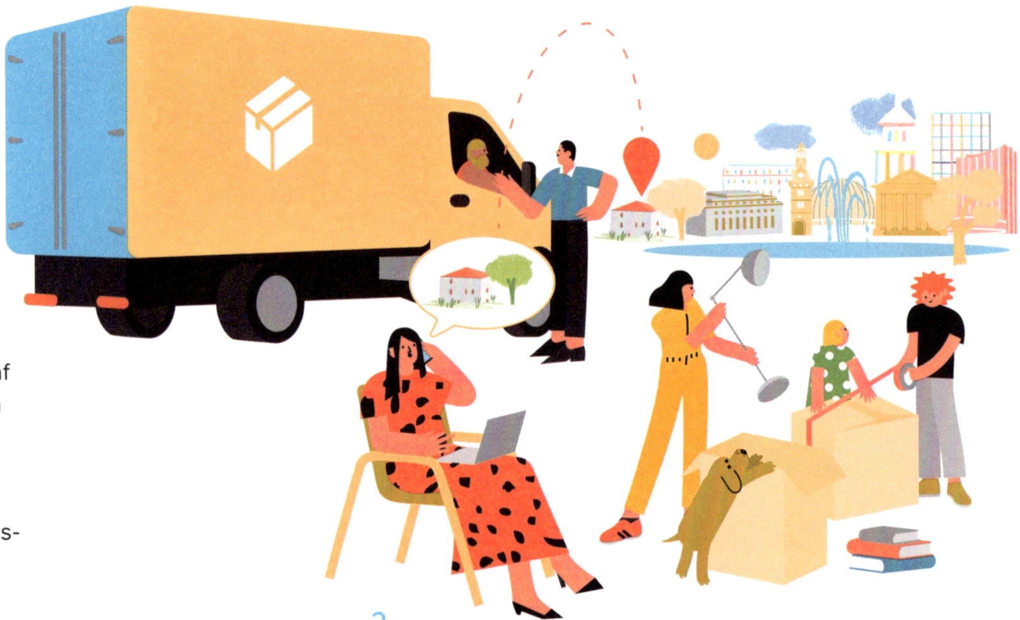

Der Vorwärtspass
Erfolgreicher Umzug nach Genf

Angela arbeitet für eine internationale Organisation und wurde soeben zu deren Hauptniederlassung im schweizerischen Genf versetzt. Mit ihrem Mann Giuseppe und ihren Kindern Renato, Manu und Lydia einigt sie sich auf koordiniertes Vorgehen, um einen erfolgreichen Umzug zu gewährleisten. Das Folgende sprechen sie während des Vorwärts- und des Rückpasses miteinander ab.

1
Die Mission und den Zeitraum angeben

Erfolgreicher Umzug nach Genf
3 Monate

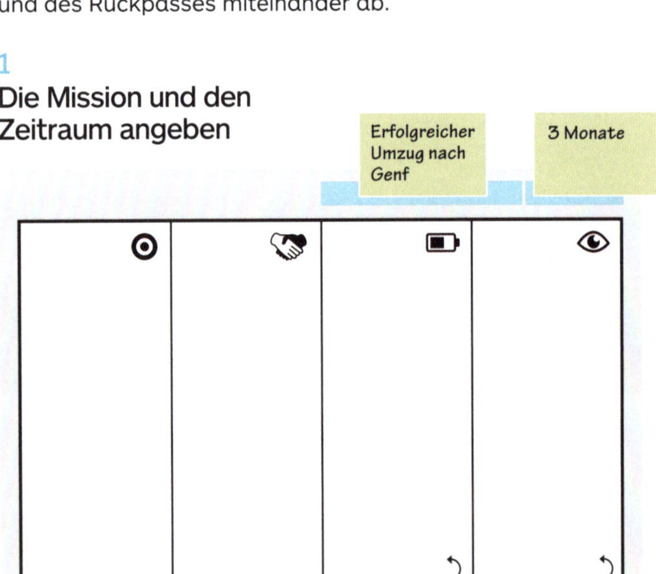

2
Die gemeinsamen Ziele festlegen

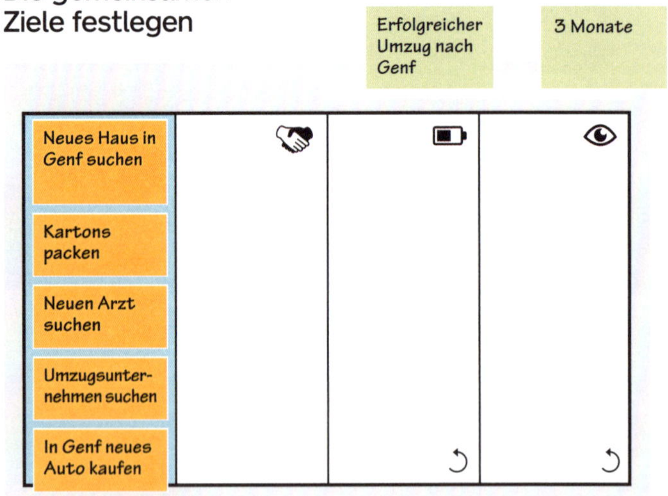

Erfolgreicher Umzug nach Genf
3 Monate
Neues Haus in Genf suchen
Kartons packen
Neuen Arzt suchen
Umzugsunter-nehmen suchen
In Genf neues Auto kaufen

3

Das gemeinsame Engagement bestimmen

Erfolgreicher Umzug nach Genf

3 Monate

Neues Haus in Genf suchen	Angela		
Kartons packen	Renato, Manu, Lydia		
Neuen Arzt suchen	Angela		
Umzugsunter-nehmen suchen	Giuseppe		
In Genf neues Auto kaufen	Giuseppe		

4

Die gemeinsamen Ressourcen überprüfen

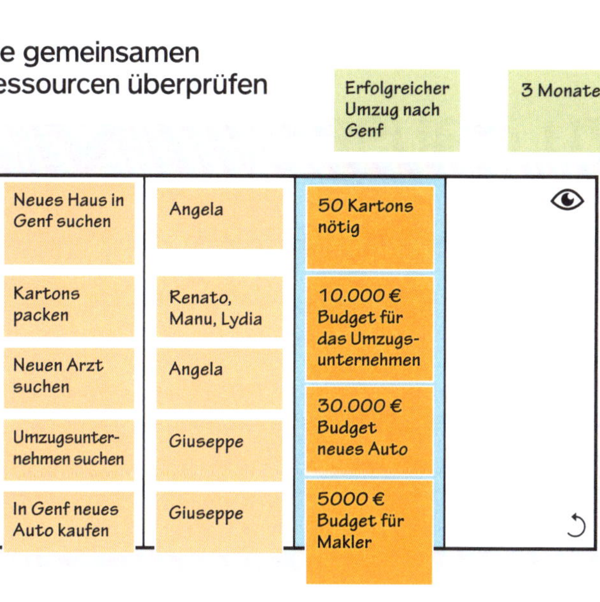

5

Die gemeinsamen Risiken identifizieren

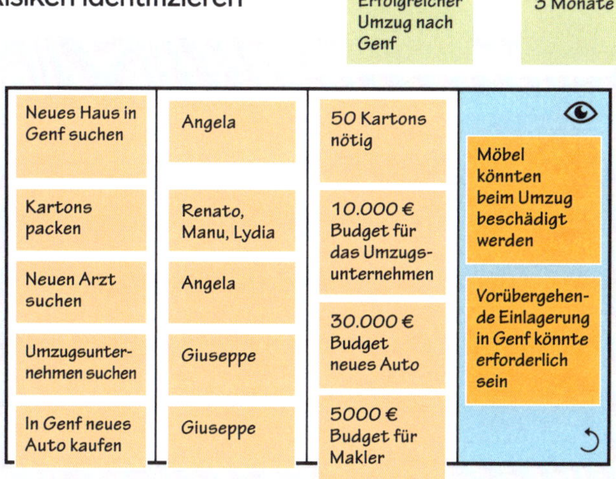

Beispiel zu Hause

Der Rückpass

Erfolgreicher Umzug nach Genf

6

Die gemeinsamen Ressourcen verwandeln

- 50 Kartons nötig: Angela bestellt heute die Kartons.
- 45.000 € Gesamtbudget (für Umzugsunternehmen, neues Auto, Makler): Giuseppe stellt sicher, dass das Geld auf dem Girokonto zur Verfügung steht.

7

Die gemeinsamen Risiken transformieren

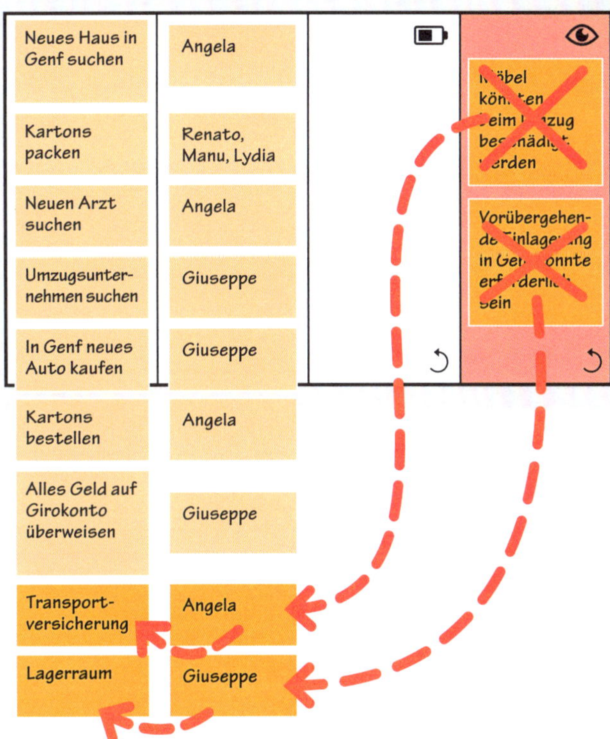

- Möbel könnten beim Umzug beschädigt werden: Angela schließt bei ihrem Versicherungsunternehmen eine Transportversicherung ab.
- Vorübergehende Einlagerung in Genf könnte erforderlich sein: Giuseppe kontaktiert die Personalabteilung, um sich eine Empfehlung geben zu lassen, und sorgt dafür, dass genügend Lagerplatz verfügbar ist.

Teamvalidierung

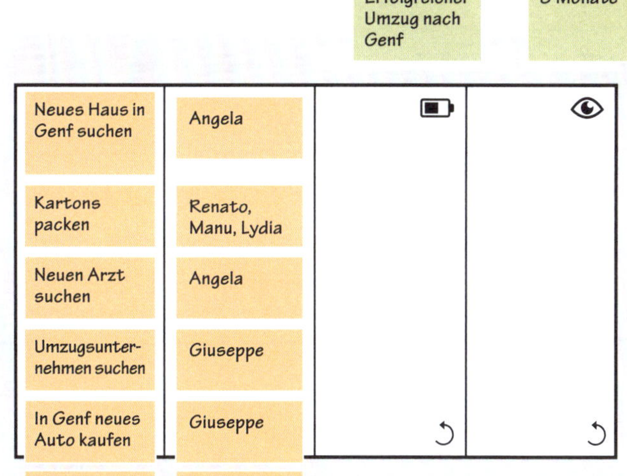

Kartons bestellen | Angela
Alles Geld auf Girokonto überweisen | Giuseppe
Transportversicherung | Giuseppe
Lagerraum | Angela

- Alle sind sich einig und machen sich an die Arbeit, um einen erfolgreichen Umzug zu bewerkstelligen.

Beispiel mit Freunden

Der Vorwärtspass
Eine tolle Geburtstagsfeier

Louises Geburtstag naht und ihre Eltern Mathilde und Bernard wollen eine tolle Party organisieren. Auch ihr bester Freund Thomas will mithelfen. Sie schließen sich zu einem Team zusammen, um einen Vorwärts- und einen Rückpass auszuführen.

1
Die Mission und den Zeitraum angeben

Tolle Geburtstagsparty

2 Wochen

2
Die gemeinsamen Ziele festlegen

Tolle Geburtstagsparty

2 Wochen

Gästeliste erstellen

Einladungen verschicken

Haus dekorieren

Kuchen backen und Getränke kaufen

3

Das gemeinsame Engagement bestimmen

Tolle Geburtstagsparty

2 Wochen

Gästeliste erstellen	Louise		
Einladungen verschicken	Mathilde		
Haus dekorieren	Bernard		
Kuchen backen und Getränke kaufen	Thomas		

4

Die gemeinsamen Ressourcen überprüfen

Tolle Geburtstagsparty

2 Wochen

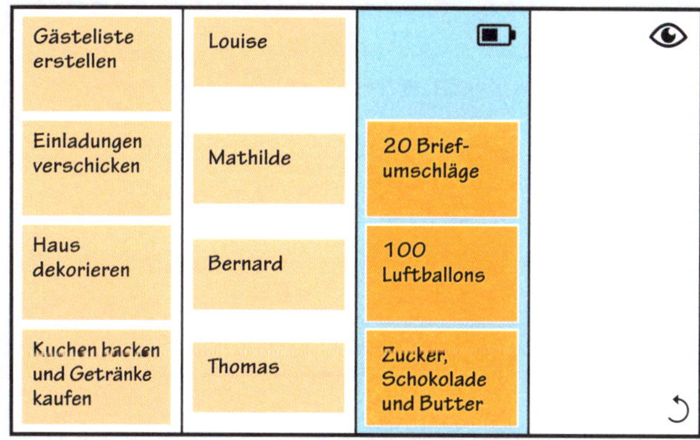

5

Die gemeinsamen Risiken identifizieren

Tolle Geburtstagsparty

2 Wochen

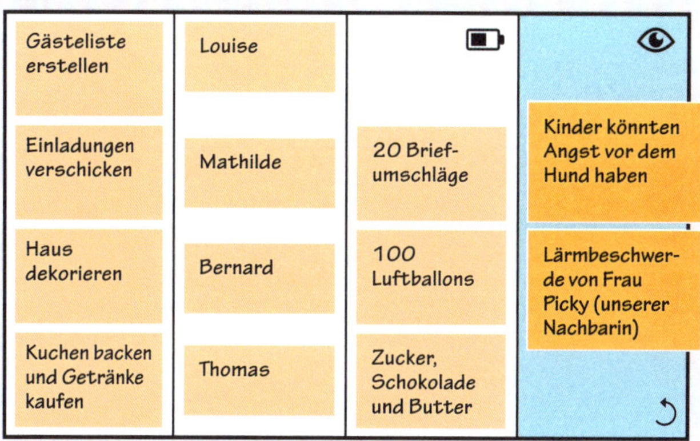

Beispiel mit Freunden

Der Rückpass
Eine tolle Geburtstagsfeier

6
Die gemeinsamen Ressourcen verwandeln

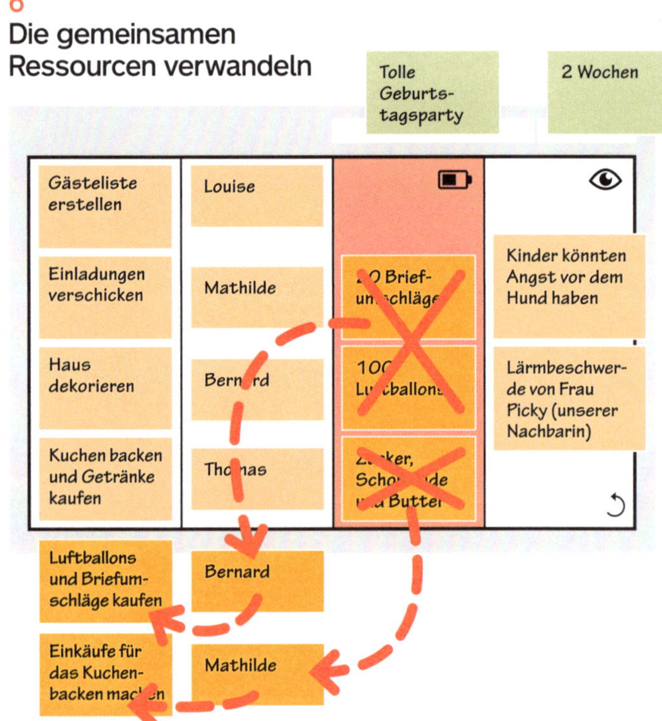

- 20 Briefumschläge und 100 Luftballons: Bernard kümmert sich darum.
- Zucker, Schokolade und Butter: Mathilde muss zur Apotheke und geht auf dem Rückweg die Zutaten besorgen.

7
Die Risiken verwandeln

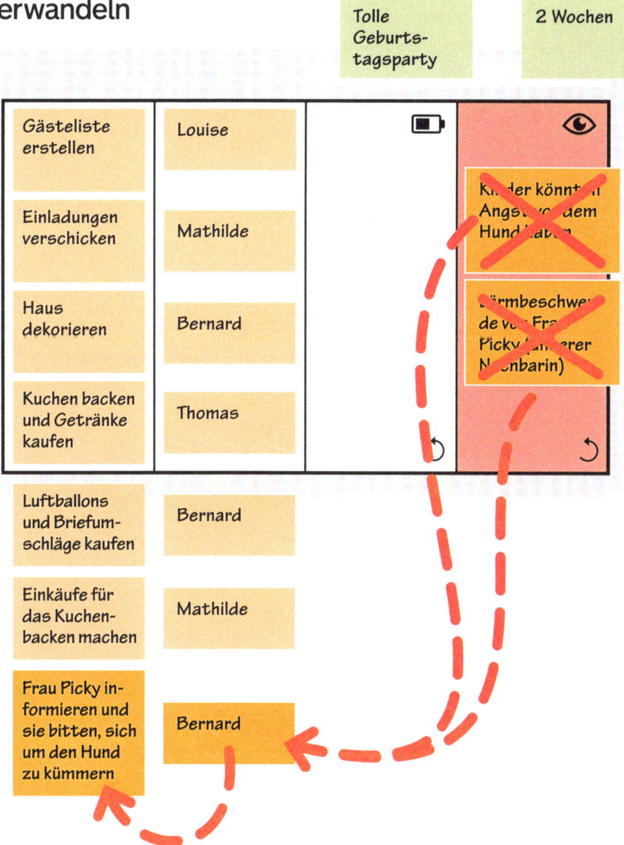

- Die Kinder könnten Angst vor dem Hund haben und Frau Picky könnte sich über den Lärm beschweren: Bernard informiert Frau Picky sofort und bittet sie, sich am Nachmittag der Party um den Hund zu kümmern.

Teamvalidierung

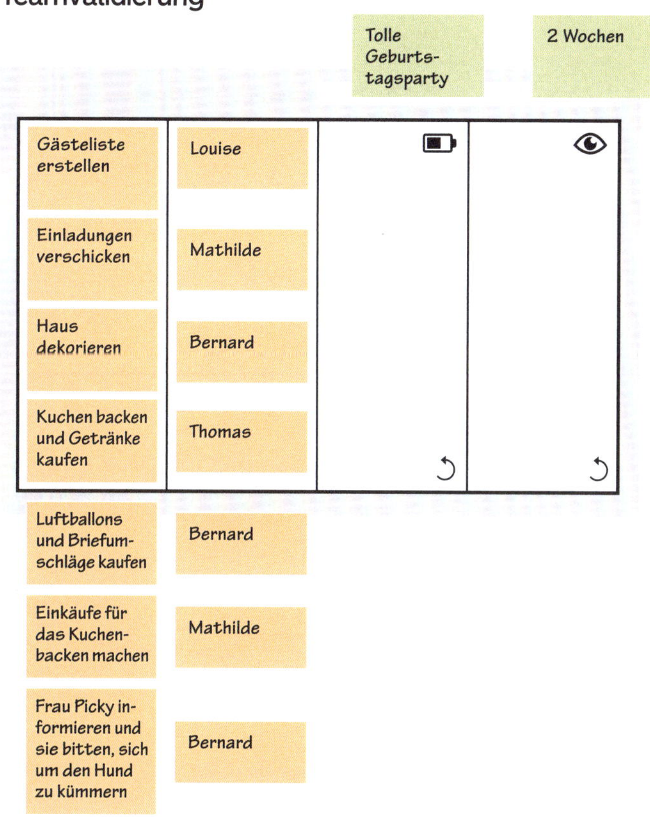

- Alle sind einverstanden und fangen an, eine tolle Geburtstagsparty vorzubereiten.

Profi-Tipps

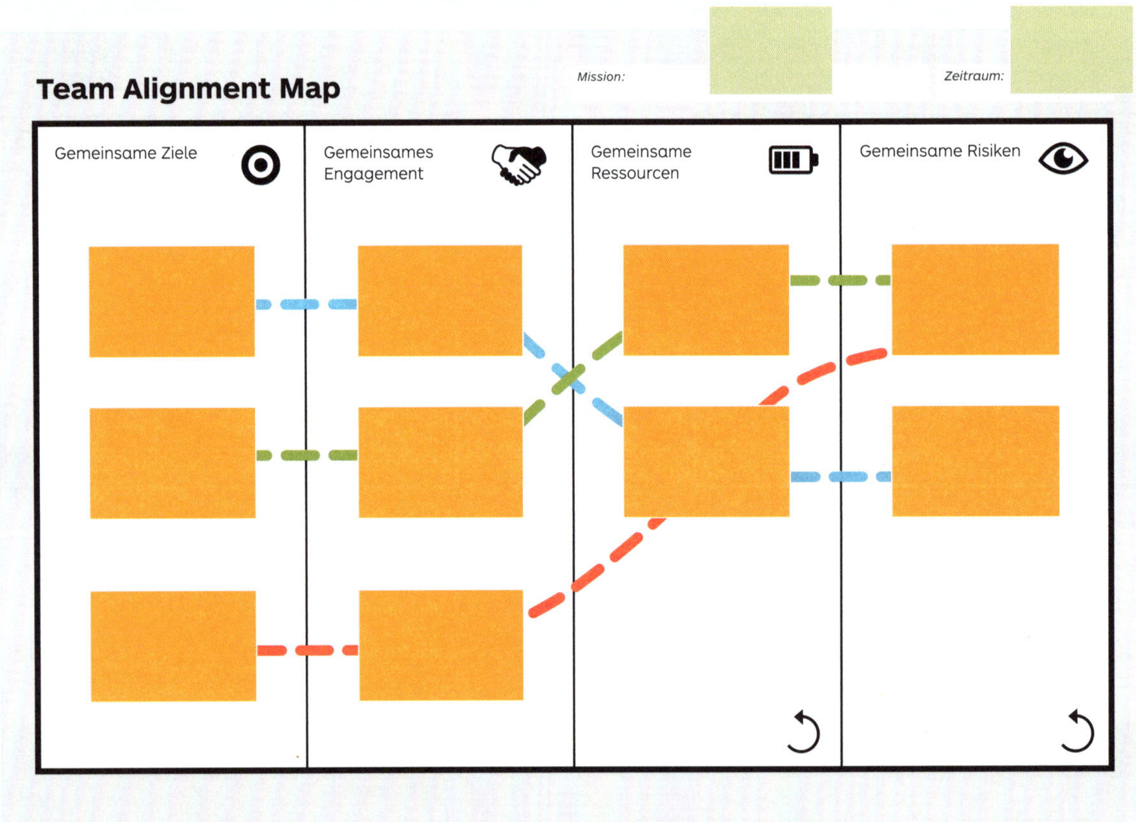

Beziehungen visualisieren

Ziehen Sie einfach Linien, um Beziehungen zu visualisieren.

Herausgenommene Punkte
Was geschieht mit den gemeinsamen Risiken und gemeinsamen Ressourcen, die während des Rückpasses herausgenommen wurden?

Option 1
Nach links: vor die neuen Ziele

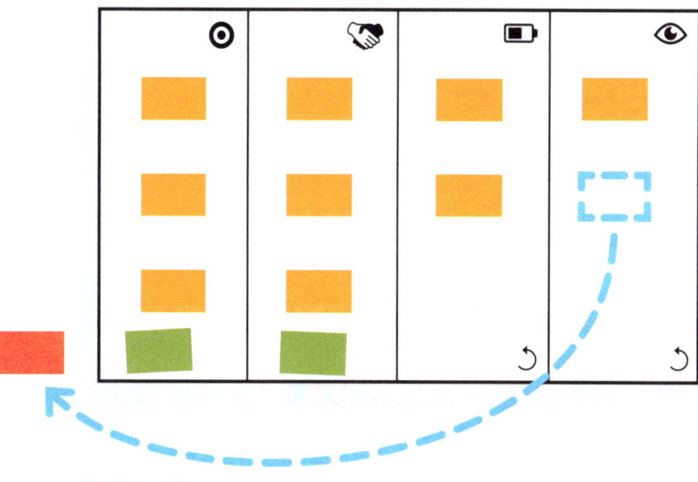

Option 2
Nach rechts auf die Wand

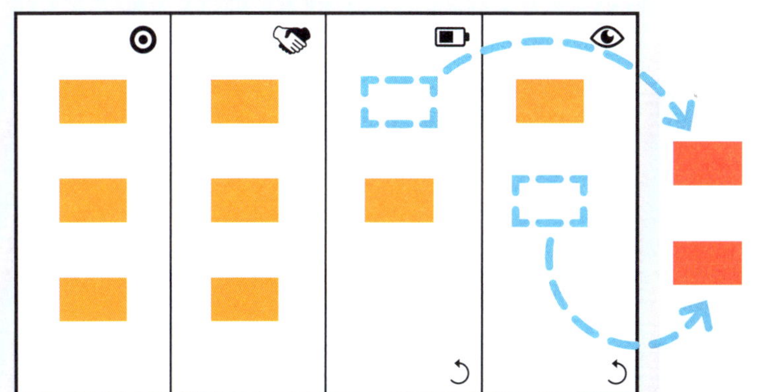

Option 3
Papierkorb

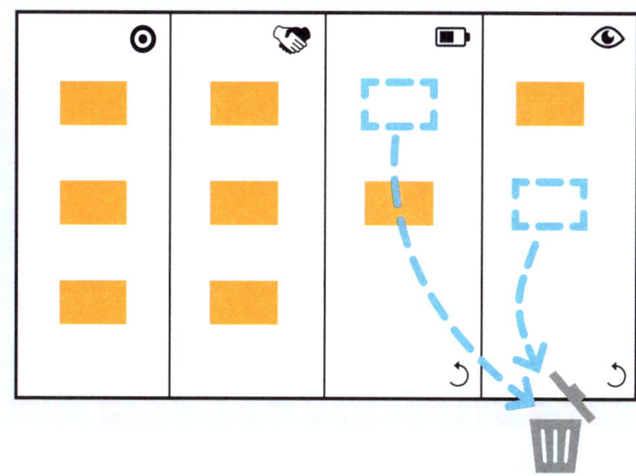

1.3 Teammitglieder auf Kurs halten (Assessment-Modus)

Nutzen Sie die Team Alignment Map, um die Teambereitschaft zu beurteilen oder allfällige Probleme zu behandeln.

4
10
6
9

Wie man die Team Alignment Map zur Beurteilung von Projekten und Teams nutzt

Die Team Alignment Map kann mühelos in ein Warmsystem verwandelt werden, das blinde Flecken aufdeckt und dafür sorgt, dass sich eine Anhäufung kleiner blinder Flecken nicht zu großen Problemen auswächst.

Eine rasche visuelle Einschätzung mit der TAM kann Gewissheit geben, dass die minimalen Erfolgsanforderungen erfüllt sind:

- Anfangs, um einen guten Projektstart zu haben.
- Später, um auf dem richtigen Weg zu bleiben.

Oft nehmen wir Projekte in Angriff, bei denen diese Minimalanforderungen nicht erfüllt sind und die Zusammenarbeit zum permanenten Krisenmanagement wird. Das geschieht, wenn das Team ungenügend vorbereitet ist oder es in der Zusammenarbeit blinde Flecken gibt, das heißt, wenn jemand zu wissen glaubt, was die anderen denken, sich jedoch täuscht. Durchgängige Koordination zu gewährleisten, ist entscheidend für den Erfolg. Mit einer raschen Einschätzung kann das Team den Grad der Koordination visualisieren und rechtzeitig handeln, um vermeidbaren Problemen zuvorzukommen.

Für das Assessment wird jedes Teammitglied befragt, ob es glaubt, seinen Teil erfolgreich leisten zu können. Das erfolgt durch eine Abstimmung, die nötigenfalls anonym erfolgen kann. Das aus einer Abstimmung entstehende Bild ist neutral und wird dann durch das Team interpretiert; korrigierende Maßnahmen werden eingeleitet, wenn die Koordination unzureichend ist.

Um das Assessment in Gang zu setzen, zeichnen Sie vier horizontale Pfeile in jede Spalte und fügen jedem Pfeil (von unten beginnend) folgende Werte hinzu, wie die Abbildung auf der nächsten Seite zeigt:

1. Gemeinsame Ziele: unklar, neutral, klar
2. Gemeinsames Engagement: implizit, neutral, explizit
3. Gemeinsame Ressourcen: fehlend, neutral, verfügbar
4. Gemeinsame Risiken: unterschätzt, neutral, unter Kontrolle

Wenden Sie dann diesen dreistufigen Prozess an:

1
Aufdecken
Die Teilnehmer stimmen individuell ab und nehmen das Ergebnis kollektiv zur Kenntnis.

2
Reflektieren
Die Problembereiche werden im Team identifiziert und analysiert.

3
Beheben
Es werden Entscheidungen zur Problemlösung getroffen und gemeinsam validiert.

Team Alignment Map

Mission:

Zeitraum:

Gemeinsame Ziele	Gemeinsames Engagement	Gemeinsame Ressourcen	Gemeinsame Risiken
Klar	Explizit	Verfügbar	Unter Kontrolle
Neutral	Neutral	Neutral	Neutral
Unklar	Implizit	Fehlend	Unterschätzt

Schritt 1: Aufdecken

Die Teammitglieder stimmen ab, um aufzudecken, ob sie glauben, erfolgreich mitwirken zu können.

1

Das Thema benennen

Wie lautet die Herausforderung?

2

Individuell abstimmen

Glauben Sie, dass Sie Ihren Anteil leisten können?

Teresa denkt:

- Gemeinsame Ziele: Was wir gemeinsam erreichen wollen, ist klar.
- Gemeinsames Engagement: Wir haben explizit jede unserer Funktionen und Verpflichtungen besprochen.
- Gemeinsame Ressourcen: Wir haben die Ressourcen, die wir brauchen, um unsere Aufgaben zu erfüllen.
- Gemeinsame Risiken: Die Risiken, mit denen wir konfrontiert werden, haben wir unter Kontrolle.

Luca denkt:

- Gemeinsame Ziele: Was wir gemeinsam erreichen wollen, ist klar.
- Gemeinsames Engagement: Unsere Funktionen sind implizit; die jeweiligen Verpflichtungen wurden nicht besprochen.
- Gemeinsame Ressourcen: Uns fehlen entscheidende Ressourcen, um unsere Aufgaben zu erfüllen.
- Gemeinsame Risiken: Einige Risiken sind unter Kontrolle und einige werden unterschätzt.

3
Das Ergebnis zur Kenntnis nehmen

Welches ist das kollektive Ergebnis?

Mara denkt:

- Gemeinsame Ziele: Manche Ziele sind klar, manche nicht.
- Gemeinsames Engagement: Einige Verpflichtungen wurden besprochen, einige sind implizit.
- Gemeinsame Ressourcen: Einige Ressourcen sind verfügbar, reichen aber nicht aus, um unsere Aufgaben zu erfüllen.
- Gemeinsame Risiken: Einige Risiken sind unter Kontrolle und einige werden unterschätzt.

Jeremy denkt:

- Gemeinsame Ziele: Was wir gemeinsam erreichen wollen, ist unklar; ich bin verwirrt.
- Gemeinsames Engagement: Unsere Funktionen sind implizit; die jeweiligen Verpflichtungen wurden nicht besprochen.
- Gemeinsame Ressourcen: Uns fehlen entscheidende Ressourcen, um unsere Aufgaben zu erfüllen.
- Gemeinsame Risiken: Die Risiken, mit denen wir konfrontiert sind, werden unterschätzt.

Der Aha-Moment. Die Bekanntgabe der Abstimmungsergebnisse schafft ein Gruppengefühl und sorgt für Problembewusstsein.

Schritt 2: Reflektieren

Identifizieren Sie Wahrnehmungslücken und besprechen Sie sie, um die Ursachen zu erkennen.

Die vertikale Verteilung der Stimmen lässt das Team verstehen, ob jedes Mitglied sich in der Position befindet, erfolgreich mitzuwirken, und zeigt das Maß an Übereinstimmung, also ob alle Teammitglieder dieselbe Wahrnehmung teilen.

Das ideale Abstimmungsergebnis liegt vor, wenn alle Stimmen im grünen Bereich liegen. Wenn ein Teilnehmer alle seine Stimmen im grünen Bereich abgibt, zeigt er damit an, dass:

1. die Ziele klar sind,
2. explizites Einverständnis über das Engagement herrscht,
3. Ressourcen für seine Arbeit verfügbar sind,
4. die Risiken unter Kontrolle sind.

4 Die Abstimmung interpretieren

Überrascht oder nicht?
Ist das eher positiv oder negativ für uns?
Wo liegen die Probleme?

Mit anderen Worten, ein Abstimmungsergebnis im grünen Bereich weist darauf hin, dass die Minimalanforderungen für eine erfolgreiche persönliche Mitwirkung erfüllt sind. Stimmen die Teammitglieder positiv überein, dürfte das Team sich auf dem Erfolgspfad befinden, weil jeder glaubt, erfolgreich einen Beitrag leisten zu können.

Das Team kann auch negativ übereinstimmen, wenn die Mehrheit der Stimmen sich unten im roten Bereich konzentriert. Das bedeutet, dass alle Teammitglieder zum Ausdruck bringen, keinen Beitrag leisten zu können. Jedes andere Abstimmungsmuster im roten Bereich signalisiert ein Problem für ein oder mehrere Mitglieder, dass etwas unklar ist oder fehlt oder ein Problem rasch behoben werden sollte.

Zusammenfassend zeigt die vertikale Position der Stimmen an, ob eine Anforderung erfüllt ist oder nicht; je höher die Position, desto besser. Eine Konzentration von Stimmen verweist auf eine Übereinstimmung des Teams, während eine Streuung mangelnde Übereinstimmung anzeigt. Je mehr Stimmen oben im grünen Bereich konzentriert sind, desto höher die Erfolgschancen. Je mehr Stimmen gestreut oder unten im roten Bereich konzentriert sind, desto mehr Probleme werden voraussichtlich bei der Zusammenarbeit auftreten. In diesem Fall sollten Sie innehalten, Gespräche führen und Maßnahmen ergreifen, ehe es zu spät ist.

Grüner Bereich

Höhere Erfolgswahrscheinlichkeit

(Alle Stimmen im oberen Drittel der Map)

Es ist gut, wenn die Mehrheit der Stimmen im grünen Bereich liegt. Das Team stimmt überein und alle sind leistungsbereit. Weitere Diskussionen sind nicht notwendig; es ist Zeit, wieder an die Arbeit zu gehen.

Roter Bereich

Geringere Erfolgswahrscheinlichkeit

(Eine oder mehr Stimmen in den unteren zwei Dritteln der Pfeile)

Probleme drohen, wenn eine oder mehr Stimmen sich im roten Bereich befinden. Die Anforderungen einer erfolgreichen Zusammenarbeit sind für ein oder mehrere Teammitglieder nicht erfüllt. Besprechen Sie das lieber, um zu verstehen, wo die Probleme liegen und wie sie sich beheben lassen, ehe es zu spät ist.

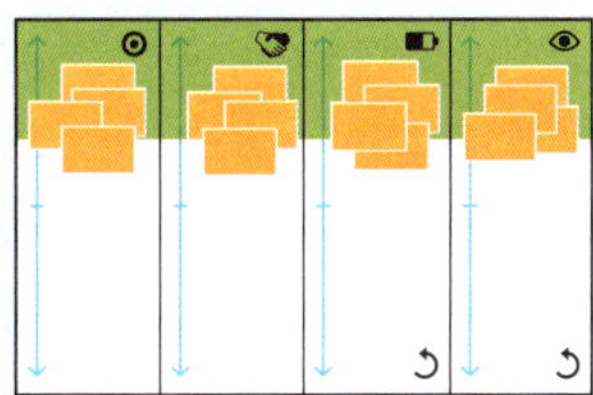

Beispiel 1: Weitermachen
Das ist das ideale Abstimmungsergebnis. Das Team stimmt positiv überein und ist zuversichtlich, dass jeder erfolgreich mitwirken kann.

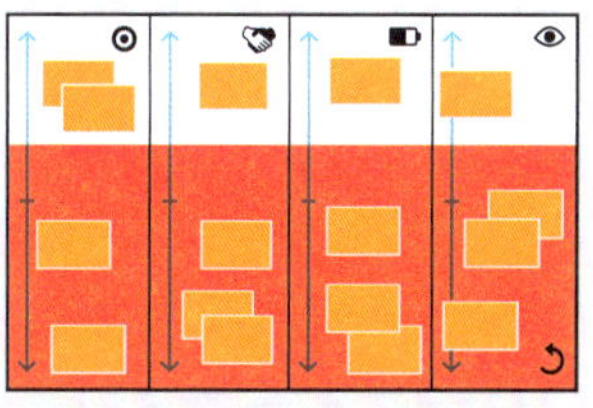

Beispiel 2: Innehalten und klären
Die vier Variablen müssen diskutiert und geklärt werden. Einige Teammitglieder glauben, dass eine Anforderung erfüllt ist (Stimmen im oberen Bereich), andere glauben, dass etwas nicht in Ordnung ist (Stimmen im unteren Bereich). Diese Streuung illustriert das höchste Maß an Unstimmigkeit.

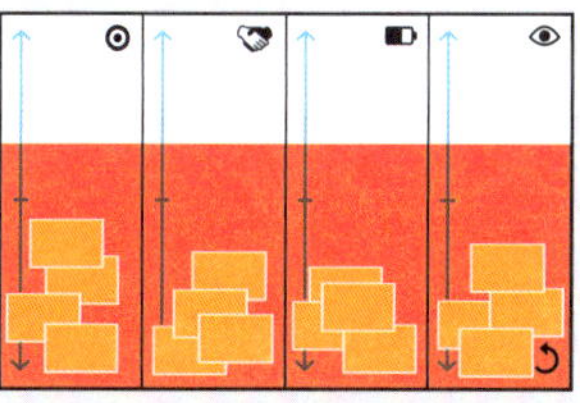

Beispiel 3: Innehalten und klären
Die vier Variablen müssen diskutiert werden. Das Team stimmt negativ überein: Alle Mitglieder glauben, dass nichts in Ordnung ist.

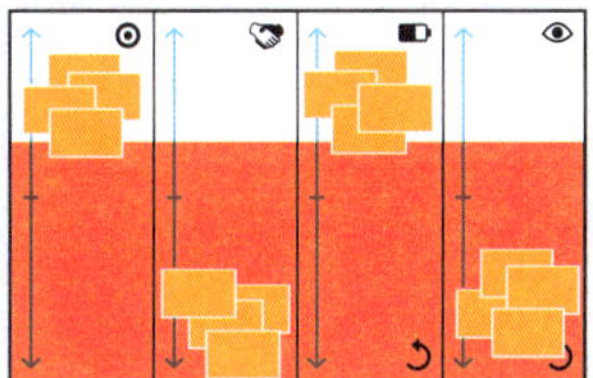

Beispiel 4: Innehalten und klären
Das Team muss darüber sprechen, warum Engagement und Risiken so gering bewertet sind. Allen Teammitgliedern sind die gemeinsamen Verpflichtungen unklar und die gemeinsamen Risiken werden unterschätzt. Die gemeinsamen Ziele scheinen klar zu sein und die nötigen Ressourcen stehen dem ganzen Team zur Verfügung.

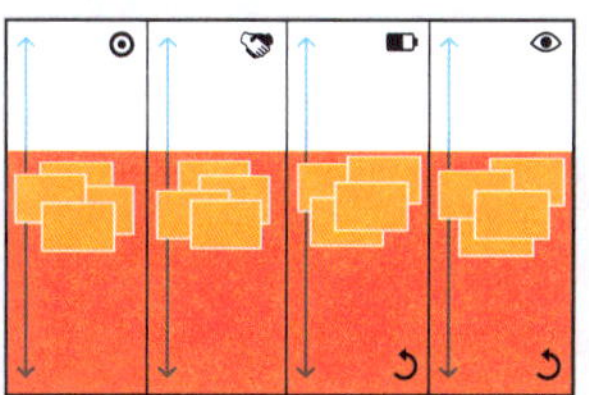

Beispiel 5: Innehalten und klären
Die vier Variablen müssen dringend besprochen werden. Alle Teammitglieder haben neutral abgestimmt. Das ist eine typische Abstimmung für nicht vorrangige Projekte oder wenn die Teilnehmer wenig engagiert sind oder lieber nicht das Wort ergreifen möchten.

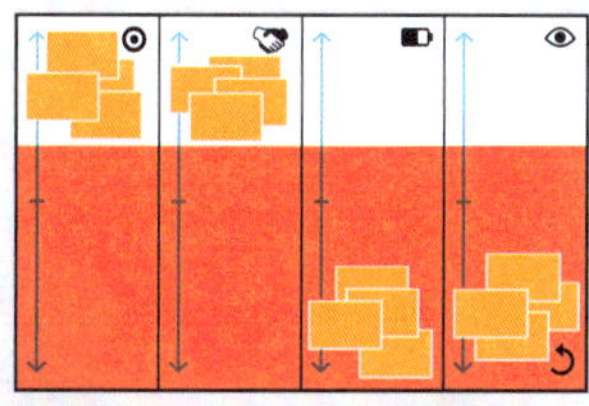

Beispiel 6: Innehalten und klären
Die letzten beiden Variablen müssen diskutiert werden. Die gemeinsamen Ziele und das gemeinsame Engagement sind klar, aber es gibt einen erheblichen Mangel an Ressourcen und die Risiken werden unterschätzt. Das ist ein typisches Abstimmungsergebnis für Teams in Start-ups. Die letzten beiden Variablen müssen besprochen werden.

5
Die Probleme analysieren

Was verursacht die Probleme?
Was verursacht die Wahrnehmungsunterschiede?
Aus welchem Grund befindet sich diese Anforderung nicht im grünen Bereich?

Ziel dieses Schrittes ist, das Abstimmungsergebnis im roten Bereich und die Ursachen der Wahrnehmungsunterschiede zu diskutieren – die Triggerfragen auf der folgenden Seite können dabei hilfreich sein.

Je nach Situation kann die Diskussionsdauer unterschiedlich sein. Ein Problem mit einer fehlenden Ressource zum Beispiel, etwa ein Softwareentwickler, der drei zusätzliche Arbeitstage fordert, ist recht einfach zu verstehen. Mehr Zeit dagegen braucht man, um Probleme im Hinblick auf unklare Ziele, implizite Vereinbarungen oder Risiken zu verstehen.

Triggerfragen zur Problemanalyse

Diese Fragen regen das kollektive Denken an und befassen sich eingehender mit möglichen Problemen. Die folgende Faustregel erleichtert die Analyse:

1. Stellen Sie eine Frage.
2. Hören Sie zu.
3. Fassen Sie die Antwort zusammen, um Ihr Verständnis zu validieren.

Übergeordnete Fragen

Was halten Sie von dieser Abstimmung?
Wo liegt Ihrer Ansicht nach das Problem?

Tiefergehende Befragung

Gemeinsame Ziele
- Was sollen wir konkret gemeinsam erreichen?
- Was macht unser Projekt zu einem Erfolg?
- Was sollen wir abliefern?
- Wie wird das Endergebnis aussehen?
- Welchen Herausforderungen müssen wir uns stellen?
- Wie ist der Plan?

Gemeinsames Engagement
- Wer macht was? Mit wem? Für wen?
- Welches sind die jeweiligen Positionen und Zuständigkeiten?
- Was genau erwarten wir voneinander?

Gemeinsame Ressourcen
- Welche Ressourcen brauchen wir?
- Was fehlt, damit jeder seinen Anteil leisten kann?

Gemeinsame Risiken
- Was könnte uns am Erfolg hindern?
- Welches ist unser Worst-Case-Szenario?
- Wie lautet unser Plan B?

Schritt 3: Beheben

Beheben heißt, konkrete Maßnahmen zu ergreifen, um sicherzustellen, dass die Stimmen im roten Bereich bei der nächsten Abstimmung in den grünen Bereich wandern.

Die Ursachen für die Probleme sind erkannt und es ist an der Zeit, die Situation neu aufzurollen. Es müssen weitere Erklärungen geleistet oder Entscheidungen getroffen werden. Die daraus resultierenden Maßnahmen können sich beträchtlich unterscheiden:

- Etwas klären oder anpassen (Mission, Zeitraum und Inhalt der vier Spalten).
- Inhalte aus der Map entfernen oder neu hinzufügen.
- Entscheidungen außerhalb der TAM treffen, Prioritäten neu ordnen, das Projekt in zwei oder drei Projekte aufteilen und so weiter.

Wie unter 7 gezeigt, wird eine finale Abstimmung durchgeführt, um die Auswirkungen der Behebungsmaßnahmen zu validieren und zu sehen, ob noch irgendwelche Probleme vorhanden sind. Die Bewertung war erfolgreich, wenn die Mehrheit der Stimmen sich jetzt im grünen Bereich befindet.

6

Die Behebungsmaßnahmen beschließen und ankündigen

Welche konkreten Handlungen/Maßnahmen sollten wir ergreifen, um die Situation neu zu gestalten? Was kann getan werden, damit beim nächsten Mal die meisten Stimmen im grünen Bereich liegen?

Weitere Fragen, um Entscheidungen zu treffen und zu handeln

- Also, was nun? Was sollen wir konkret machen?
- Welche Maßnahmen müssen wir jetzt ergreifen? Wo liegt die Priorität?
- In welche Richtung steuern wir? Was beschließen wir?
- Welches sind die unmittelbaren nächsten Schritte?

+
Mission und Zeitraum festlegen

- Die Mission klarstellen
- Die Mission neu aufstellen
- Den Spielraum überprüfen
- Den Zeitraum erweitern

+
Die vier Variablen festlegen

- Klären
- Hinzufügen
- Entfernen
- Anpassen

+
Festlegungen außerhalb der TAM

- Prioritäten verändern
- Das Projekt in Unterprojekte aufteilen
- Aufgaben einem anderen Team zuweisen etc.

7
Teamvalidierung

Glauben Sie, dass Sie Ihren Teil jetzt bewältigen können?

Die neuen Stimmergebnisse sind im grünen Bereich: gut gemacht! Die Situation ist korrigiert und alle können sich wieder an die Arbeit machen.

Sollte jemand weiterhin im roten Bereich abgestimmt haben: Leider bleiben einige Probleme bestehen. In diesem Fall sollte pragmatisch vorgegangen werden: Das Team und/ oder die Teamführung entscheiden, ob noch ein Analysezyklus erfolgt oder weitergemacht wird.

Wann sollte ein Assessment erfolgen?

Es gibt zwei Arten von Assessments: wenn das Projekt gestartet wird (häufiger) und anschließend (weniger häufig). Am größten ist der Koordinationsbedarf zu Projektbeginn; er sinkt im Laufe der Zeit, wenn die Teammitglieder sich eine gemeinsame Basis schaffen (siehe Vertiefung, S. 272). Aber Änderungen im Hinblick auf Kontext und Informationen können gefährliche blinde Flecken erzeugen, denen man durch rasche Ad-hoc-Assessments begegnen kann.

	Bereitschafts-Assessments »Haben wir einen guten Start?«	Problemlösungs-Assessments »Sind wir noch auf dem richtigen Weg?«
Was?	• Sind wir leistungsbereit? • Bringt jedes Mitglied optimale Ergebnisse? • Können wir loslegen oder müssen wir noch mehr vorbereiten? • Wie stehen unsere Erfolgschancen?	• Kann immer noch jedes Mitglied optimale Ergebnisse liefern? • Haben irgendwelche Veränderungen schädliche blinde Flecken erzeugt? • Sind wir noch auf Erfolgskurs?
Wann?	• Wöchentliche Koordinations-Meetings (10 Minuten vor dem Ende des Meetings) • Projektstart-Meetings (zu Beginn oder in der Mitte des Meetings)	• Projektumsetzungs-Meetings (10 Minuten vor dem Ende des Meetings) • Bedarfsweise Meetings (zu Beginn des Meetings)
Wie viele?	Häufig (bis zum eigentlichen Start) • Täglich • Wöchentlich • Nach Bedarf	Weniger häufig (nach dem eigentlichen Start) • Monatlich • Quartalsweise • Halbjährlich • Nach Bedarf

Fallstudie
Gesundheitsunternehmen
500 Beschäftigte

Werden wir rechtzeitig fertig?

Simone ist die Regionalchefin eines mittelgroßen Gesundheitsunternehmens. Ihre Projektmanager organisieren im Durchschnitt fünf Projekte und klagen über Arbeitsüberlastung. Es gibt Gerüchte, dass das Customer-Relationship-Management(CRM)-Projekt, das eine hohe geschäftliche Priorität hat, nicht rechtzeitig abgeschlossen werden kann. Gibt es irgendetwas, worüber Simone sich Sorgen machen sollte?

1

Aufdecken

Simone organisiert ein bedarfsweises Problemlösungs-Assessment, um zu verstehen, ob das Projekt rechtzeitig abgeschlossen wird oder nicht. Das vierköpfige Team ist dazu eingeladen und stimmt ab. Die Ergebnisse zeigen, dass es ein Problem mit den gemeinsamen Ressourcen gibt. Alle Teammitglieder sind sich einig, dass es nicht genügend Ressourcen gibt, um die Arbeit wie erwartet fertigzustellen.

Nach S. Mastrogiacomo, S. Missonier und R. Bonazzi, »Talk Before It's Too Late: Reconsidering the Role of Conversation in Information Systems Project Management.« Journal of Management Information Systems *31, Nr. 1 (2014): 47–78.*

2
Reflektieren

Das Team reflektiert: Die Mitglieder berichten über starke Arbeitsüberlastung, wodurch es ihnen ständig an Zeit fehlt, um all ihre Aufgaben zu erfüllen, und sie die Fristen nicht einhalten können. Weitere Untersuchungen lassen Simone erkennen, dass einige Mitglieder an Aufgaben mit geringer Priorität arbeiten, die nicht zu diesem Projekt gehören und jenseits ihrer Zuständigkeit liegen.

Es gab unlängst Veränderungen in der Organisation und irgendwie hat diese Information das Team nicht erreicht. Das ist der Wendepunkt des Teams: Die Teammitglieder erkennen, dass ihnen die Veränderungen nicht bekannt waren.

3
Beheben

Simone erklärt, dass einige Aktivitäten nicht mehr vom Team durchgeführt werden müssen, da sie in Kürze ausgelagert werden. Sie verdeutlicht dem Team die neuen Prioritäten und die Ziele des CRM-Projekts. Die Teammitglieder sind erleichtert und bestätigen mit einer neuen Abstimmung, dass unter diesen neuen Bedingungen alle in der Lage sind, ihren Anteil fristgemäß zu leisten.

Das CRM-Projekt wird schließlich pünktlich fertig.

Ihr erstes Assessment durchführen

1 Aufdecken

2 Reflektieren

Mission, Projekt oder Thema ankündigen

- Welches ist die Herausforderung?

Individuell abstimmen

- Glauben Sie, dass Sie Ihren Beitrag leisten können?

Das Ergebnis zur Kenntnis nehmen

- Welches ist das kollektive Ergebnis?

Die Abstimmung interpretieren

- Überrascht oder nicht? Ist das für uns eher positiv oder eher negativ?
- Wo liegen die Probleme?

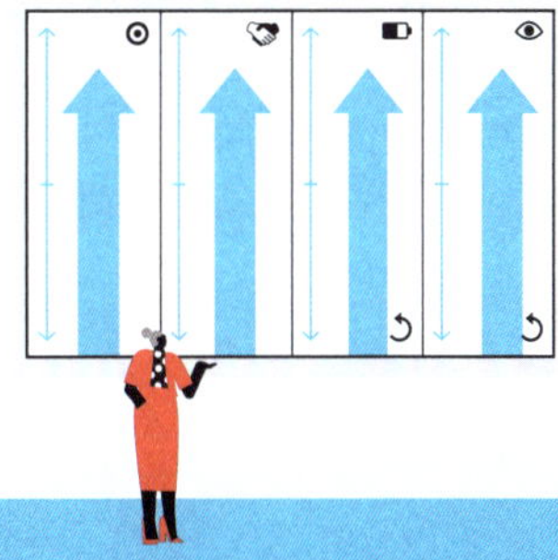

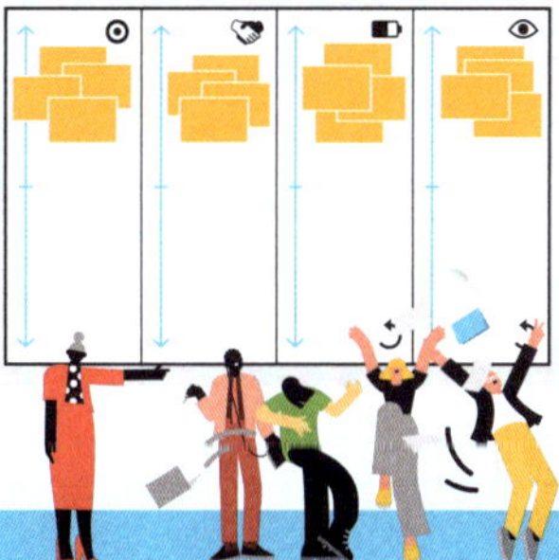

3
Beheben

Die Probleme analysieren

- Was verursacht die Probleme?
- Was verursacht die Wahrnehmungsunterschiede?
- Weshalb ist diese Anforderung nicht im grünen Bereich?

Maßnahmen beschließen und kommunizieren

- Welche konkreten Handlungen/Maßnahmen sollten wir ergreifen, um die Situation neu zu gestalten?
- Was kann getan werden, damit die meisten Stimmen beim nächsten Mal im grünen Bereich liegen?

Teamvalidierung

- Glauben Sie, dass Sie Ihren Anteil jetzt leisten können?

Die Map zum Einsatz bringen

Wie die Team Alignment Map verwendet wird

»Information ist ein Unterschied, der einen Unterschied macht.«

Gregory Bateson, Anthropologe

Überblick

Mit erfolgreichen Meetings als Bausteine beginnen. Techniken erlernen, um die Team Alignment Map in Meetings, in Projekten (Zeitgewinn) und in Organisationen (Zeitgewinn und zusätzliche Teams) anzuwenden.

2.1
Die Team Alignment Map für Meetings

Führen Sie produktivere, handlungsmotivierende Meetings durch.

2.2
Die Team Alignment Map für Projekte

Verringern Sie Projektrisiken und Umsetzungsprobleme.

2.3
Die Team Alignment Map für Unternehmenskoordination

Sorgen Sie für die richtige Koordination zwischen Führungskräften, Teams und Abteilungen, um der internen Abkapselung entgegenzuwirken.

2.1
Die Team Alignment Map für Meetings

Führen Sie produktivere, handlungsmotivierende Meetings durch.

Sollen wir noch ein Meeting abhalten?

Techniken zur Durchführung produktiverer, handlungsmotivierender Meetings

Lassen Sie endlos sich im Kreis drehende Gespräche hinter sich. Nutzen Sie die TAM in Ihren Meetings, um die Menschen vom Reden zum Handeln zu bringen, fokussieren Sie das Team und helfen Sie allen, aktiv zu werden.

✓

Empfohlen, um aktiv zu werden

Nutzen Sie die TAM, um die Teilnehmer zum Handeln zu bringen, zu koordinieren und als Team Ergebnisse liefern zu lassen.

×

Nicht empfohlen zum Sondieren

Nutzen Sie die TAM nicht für Brainstorming oder Diskussionen. Das Tool ist nicht darauf ausgelegt, Sondierungsgespräche zu unterstützen.

Das Team fokussieren

Strukturieren Sie das Gespräch und vergeuden Sie weniger Zeit in verwirrenden und langweiligen Meetings.

Die TAM kann eingesetzt werden, um Meetings abzuschließen und das Team auf konkrete nächste Schritte zu fokussieren. Das ermutigt die Organisation zu effektiveren Meetings. Meetings sind unbeliebt geworden und werden als Zeitverschwendung betrachtet. Aber nicht die Meetings sind das Problem: Persönliche Interaktion ist die beste Kollaborationstechnologie der Welt (Vertiefung, Der Einfluss von Kommunikationskanälen auf das Schaffen einer gemeinsamen Basis, S. 278). Das Problem ist vielmehr, was bei diesen Meetings besprochen wird. Hier kann die TAM hilfreich sein, indem sie das Gespräch in logischer Reihenfolge strukturiert und allen das Verständnis, die Beteiligung und das Einverständnis über die nächsten Schritte erleichtert.

Nutzen Sie die Team Alignment Map, um

- Interaktionen zu beschleunigen und Zeit zu sparen,
- die Diskussion zu fokussieren und Verwirrung zu mindern.

Befristete Meetings mit der TAM

1. Befristen Sie Ihr Meeting (30, 60, 90 Minuten).
2. Geben Sie die Tagesordnung durch.
3. Besprechen Sie die Punkte.
4. Schließen Sie das Meeting, indem sie mit der TAM einen Vorwärts- und einen Rückpass ausführen, um klarzustellen, wer was macht.
5. Teilen Sie ein Foto der TAM.

Die TAM kann auch Schritt für Schritt vom Beginn des Meetings an ausgefüllt werden. Die Tagesordnungspunkte werden besprochen, und immer wenn eine konkrete Handlung erforderlich ist, werden ein gemeinsames Ziel geschaffen und ein rascher Vorwärts- und Rückpass ausgeführt.

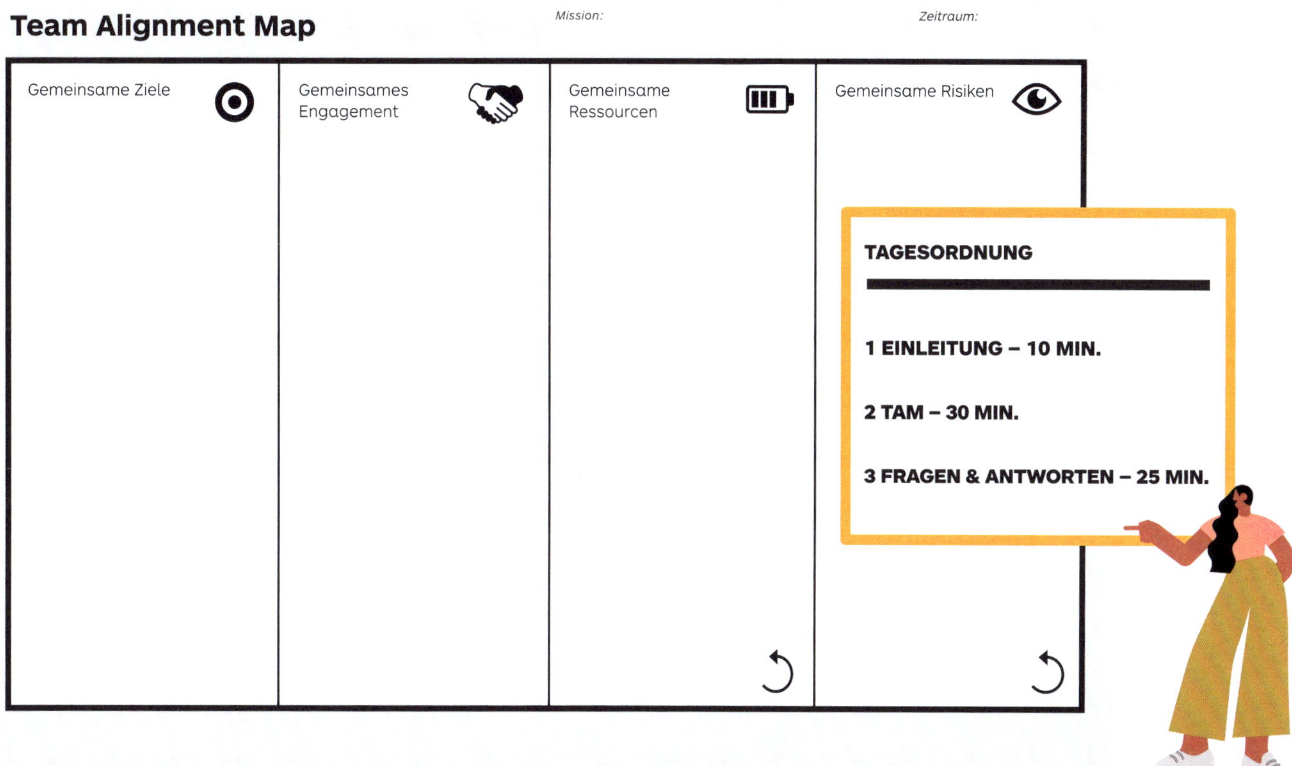
Team Alignment Map
Mission:
Zeitraum:
Gemeinsame Ziele
Gemeinsames Engagement
Gemeinsame Ressourcen
Gemeinsame Risiken
TAGESORDNUNG
1 EINLEITUNG – 10 MIN.
2 TAM – 30 MIN.
3 FRAGEN & ANTWORTEN – 25 MIN.

Das Engagement der Teammitglieder stärken

Haben Sie es satt, die treibende Kraft des Teams zu sein?

Gestalten Sie die Mission zu einer spannenden Herausforderung für das gesamte Team. Mangelnde Begeisterung und Verantwortung beginnen mit mangelnder Beteiligung. Machen Sie die Mission zu einer anspruchsvollen Frage und lassen Sie jedes Teammitglied direkt auf der TAM antworten. Gemeinsames Antworten erzeugt einen höheren Grad an Engagement und Energie bei den Beteiligten. Wenn jeder Teilnehmer sich vorbereiten und in 2, 3 oder 5 Minuten antworten darf, bekommen alle (insbesondere auch die Introvertierten) eine Stimme. Die Kreativität wird gefördert und es entsteht ein Gefühl von Fairness im Team.

Nutzen Sie die Team Alignment Map, um

- die Teammitglieder emotional einzubinden und ein Gefühl der Gemeinsamkeit zu schaffen.
- das Team zu einem echten Team zusammenzuschmieden und persönliche wie kollektive Ziele aufeinander abzustimmen.

Machen Sie die Mission zu einer anspruchsvollen Frage

1. Machen Sie die Mission zu einer Frage, einer Herausforderung oder einem Problem, das jeder versteht. Beginnen Sie mit »Wie sollen wir …?«, »Wie könnte man …?«, »Wie lässt sich …?«.
2. Stellen Sie sicher, dass jeder die Frage versteht.
3. Geben Sie 5 Minuten für die individuelle Vorbereitung (Vorwärtspass).
4. Geben Sie jedem Teilnehmer 2 Minuten, um seinen Vorwärtspass zu präsentieren.
5. Fassen Sie zusammen und führen Sie den Rückpass gemeinsam durch.

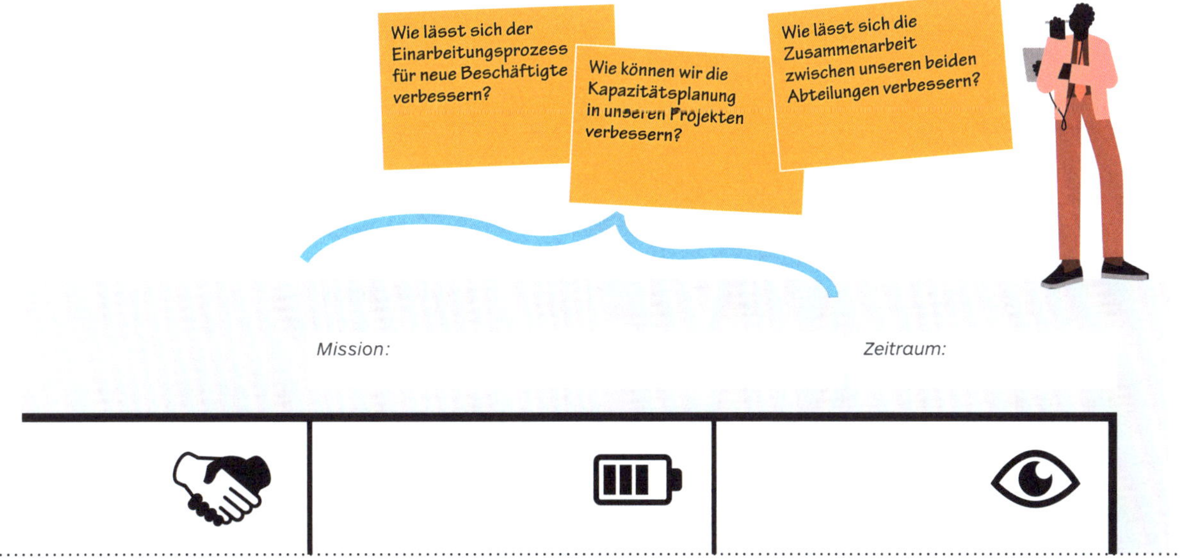
Wie lässt sich der Einarbeitungsprozess für neue Beschäftigte verbessern?
Wie können wir die Kapazitätsplanung in unseren Projekten verbessern?
Wie lässt sich die Zusammenarbeit zwischen unseren beiden Abteilungen verbessern?
Mission:
Zeitraum:

Wirksamkeit von Meetings erhöhen

Weniger Blabla, mehr Handeln.

Keiner ist verantwortlich? Das Ziel gerät in Gefahr. Stoppen Sie Blabla und Getratsche, indem Sie das Team dazu drängen, sich einig darüber zu werden, was von wem getan werden muss. Sorgen Sie dafür, dass der Beitrag eines jeden auf der TAM sichtbar wird, dass die übrigen Teammitglieder das verstehen und sich darüber einig sind, um maximale Wirksamkeit zu erzielen. Verdeutlichen Sie allen das Risiko, dass die gemeinsamen Ziele, um die sich niemand kümmert, auch zu keinem Ergebnis führen.

Nutzen Sie die Team Alignment Map, um

- vom Reden zum Handeln zu wechseln; jedem sollte bekannt sein, wer was tut.
- geerdet zu bleiben; Ziele ohne Engagement gelten als gefährdet.

Wechseln Sie vom Reden zum Handeln mit klaren Verpflichtungen

1. Führen Sie einen Vorwärts- und Rückpass aus.
2. Sorgen Sie dafür, dass es für jedes gemeinsame Ziel ein gemeinsames Engagement gibt, fügen Sie nötigenfalls eine Frist hinzu.
3. Machen Sie alle in der Schwebe befindlichen Ziele (ohne gemeinsames Engagement) zu gemeinsamen Risiken (vierte Spalte).
4. Teilen Sie ein Foto der TAM.

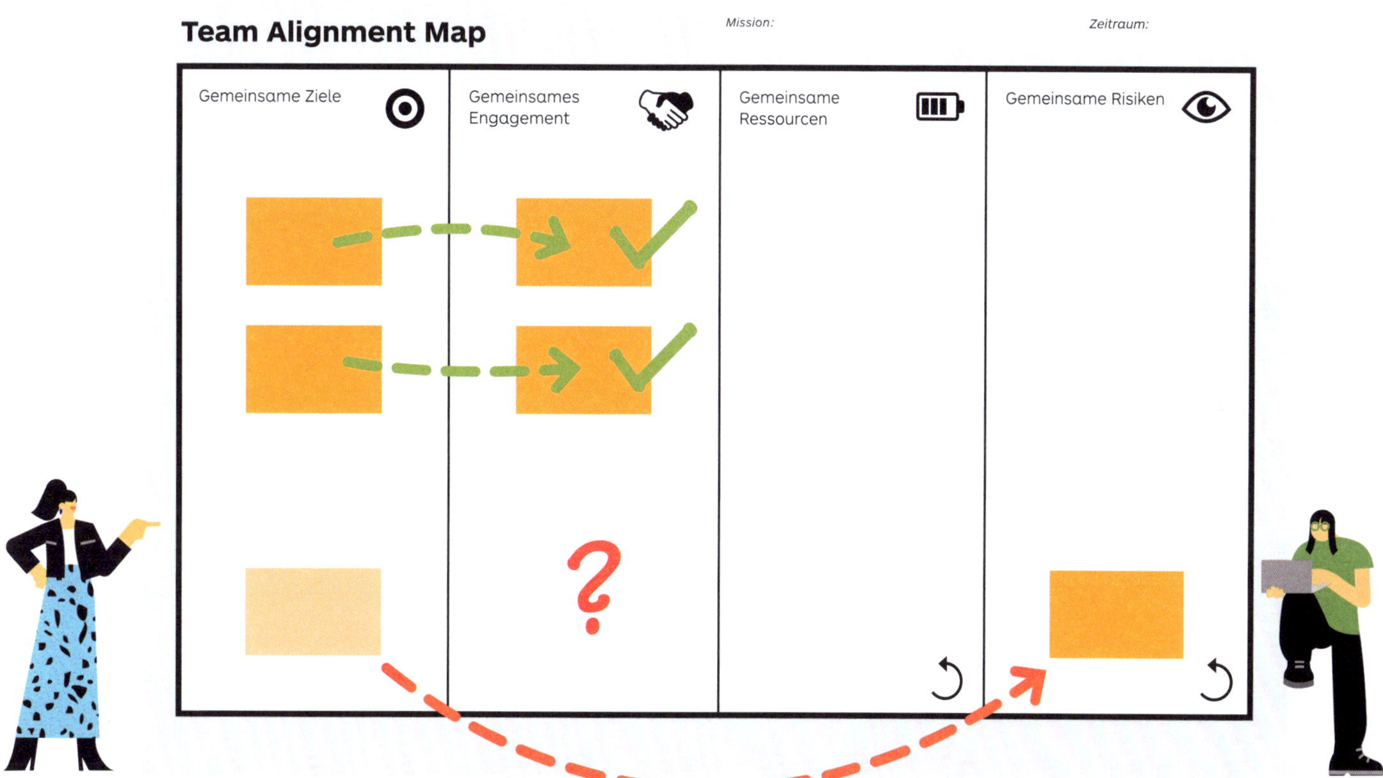
Team Alignment Map
Mission:
Zeitraum:
Gemeinsame Ziele
Gemeinsames Engagement
Gemeinsame Ressourcen
Gemeinsame Risiken

Durchdachte Entscheidungen treffen

Decken Sie blinde Flecken und Probleme in der Zusammenarbeit auf und treffen Sie bessere Ja/Nein-Entscheidungen.

Eine Abstimmung mit der TAM im Assessment-Modus kann den Teammitgliedern dabei helfen, buchstäblich ihre Erfolgswahrscheinlichkeit zu erkennen. Assessments decken Wahrnehmungsunterschiede auf und ein koordiniertes Team hat immer größere Aussichten auf Erfolg als ein unkoordiniertes. Sparen Sie Ihr Budget: Assessments gehen schnell, also versäumen Sie nicht eine preiswerte Gelegenheit, um die Koordination zu visualisieren und zu entscheiden, ob Ressourcen in Anspruch genommen werden müssen oder mehr Vorbereitung notwendig ist.

Nutzen Sie die Team Alignment Map, um

- proaktiv Probleme und blinde Flecken aufzudecken,
- bei geringem Budget durchdachte Ja/Nein-Entscheidungen zu treffen.

Mit der TAM Teambereitschaft einschätzen und Probleme lösen

1. Führen Sie ein TAM-Assessment durch (S. 104).
2. Nutzen Sie die Abstimmung, um eine Entscheidung zu treffen.

+
Tipps

- Falls die Zeit knapp ist und die Probleme in vernünftiger Geschwindigkeit gelöst werden können, planen Sie schon bald ein weiteres Meeting ein. Am Ende des zweiten Meetings führen Sie ein weiteres Assessment durch, um zu bestätigen, ob die Probleme angemessen behandelt wurden.

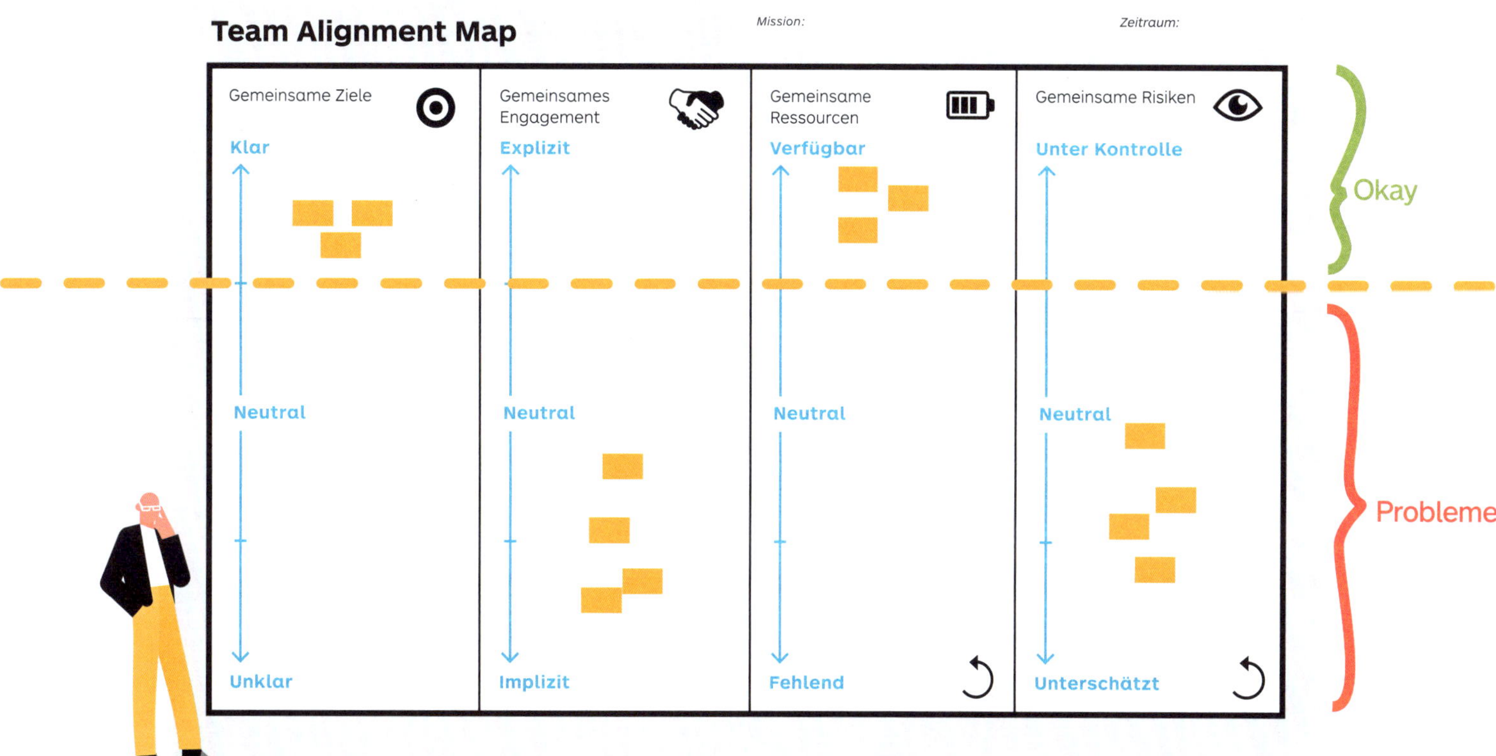
Team Alignment Map
Mission:
Zeitraum:
Gemeinsame Ziele
Klar
Neutral
Unklar
Gemeinsames Engagement
Explizit
Neutral
Implizit
Gemeinsame Ressourcen
Verfügbar
Neutral
Fehlend
Gemeinsame Risiken
Unter Kontrolle
Neutral
Unterschätzt
Okay
Probleme

Fallstudie
Humanitäre Organisation
36.000 Beschäftigte

Sind wir uns wirklich einig?

Yasmine arbeitet in der Hauptniederlassung einer humanitären Organisation in Europa. Ihre Aufgabe ist, mit einem neuen HR Information System (HRIS) die Personalprozesse weltweit zu standardisieren. Die Mission wurde direkt vom CEO in Auftrag gegeben und an dem Projekt sind dreizehn Teilnehmer aus fünf verschiedenen Ländern beteiligt. Alle scheinen mit dem CEO einer Meinung zu sein, aber Yasmine hat ihre Zweifel. Sie beschließt, mithilfe einer Team Alignment Map ein Assessment mit dem Projektteam durchzuführen. War ihre Intuition richtig?

1

Aufdecken

Die Abstimmung ergibt, dass die Teilnehmer über gemeinsame Ziele, gemeinsame Ressourcen und gemeinsame Risiken anscheinend einig sind, doch beim gemeinsamen Engagement scheint es Probleme zu geben.

S. Mastrogiacomo, Missonier und R. Bonazzi, »Talk Before It's Too Late: Reconsidering the Role of Conversation in Information Systems Project Management.« Journal of Management Information Systems *31, Nr. 1 (2014): 47–78.*

2
Reflektieren

Die Wahrnehmungsunterschiede in der Spalte mit gemeinsamem Engagement werden besprochen. Rasch bemerkt das Team, dass das Engagement nicht das Problem ist. Die Mission ist mehrdeutig und jeder versteht sie anders, daher sind die gemeinsamen Ziele zu allgemein. Jeder hatte die Mission unterschiedlich interpretiert, was dazu führte, dass Probleme sichtbar wurden.

3
Beheben

Das Team beschließt, die derzeitige Mission in drei Untermissionen und Projekte aufzuspalten, indem drei neue Team Alignment Maps erstellt werden. Die Teammitglieder führen für jede davon einen Vorwärts- und Rückpass aus und organisieren danach drei Validierungsabstimmungen. Die Abstimmungen bestätigen, dass das Team koordiniert und zuversichtlich ist. Yasmine ist sehr erleichtert.

Profi-Tipps

Umgang mit Uneinigkeit und mangelnder Klarheit

Verschieben Sie unklare Punkte in die Spalte Gemeinsame Risiken. Der Zweck eines Koordinierungstreffens ist, Klarheit und Einverständnis zu schaffen, ehe die Teilnehmer das Meeting verlassen. Wenn die Inhalte der TAM im Meeting als mehrdeutig empfunden werden oder es Uneinigkeit gibt, verschieben Sie den Punkt zur weiteren Diskussion in die Spalte Gemeinsame Risiken. Setzen Sie ihn erst dann in die richtige Spalte, wenn der Inhalt vom Team klar und einvernehmlich wahrgenommen wird.

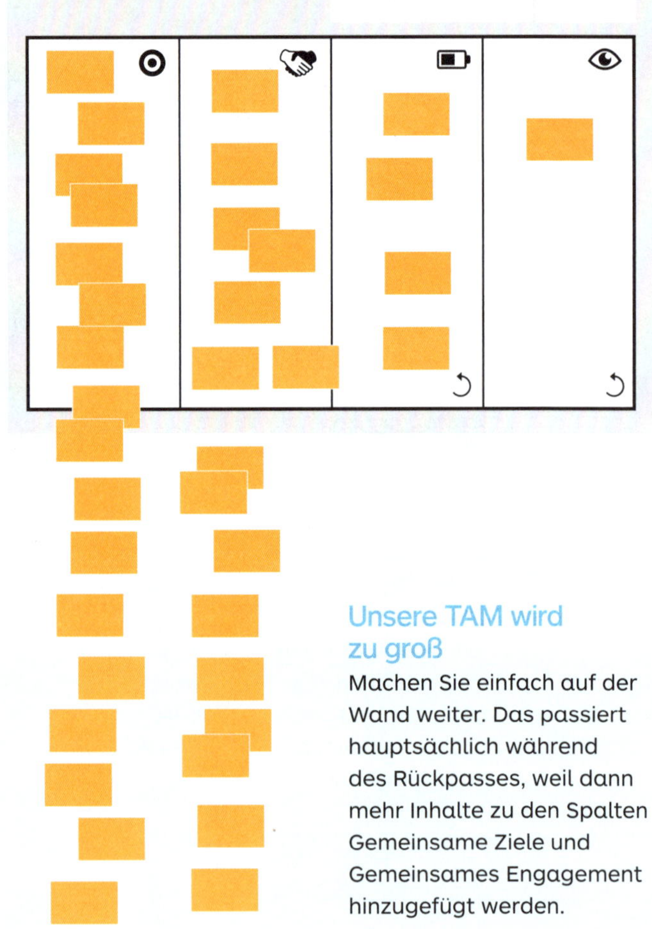

Unsere TAM wird zu groß

Machen Sie einfach auf der Wand weiter. Das passiert hauptsächlich während des Rückpasses, weil dann mehr Inhalte zu den Spalten Gemeinsame Ziele und Gemeinsames Engagement hinzugefügt werden.

Umgang mit nicht anwesenden Projektbeteiligten und zu spät Kommenden

Nehmen Sie sich ein paar Minuten, um kurz alle Nachzügler zu informieren, damit sie in die Diskussion einsteigen und dazu beitragen können. Der Teamerfolg entsteht aus der gemeinsamen Basis des Teams. Organisieren Sie Update-Meetings unter vier Augen, wenn zentrale Projektbeteiligte ein Meeting verpasst haben – es ist entscheidend für den Teamerfolg, sie auf dem Laufenden zu halten.

Risikoidentifikation: Betrachten Sie Emotionen als KPIs

Nutzen Sie Ängste, Einwände und alle emotionalen Reaktionen als Trigger für die Identifikation von Problemen. Wir sind biologisch darauf programmiert, Probleme vorauszusehen: Angst, Wut, Trauer und Abscheu können mögliche verborgene Risiken signalisieren. Der Faktenfinder (S. 218) kann dabei helfen, gute Fragen zu stellen und die verborgenen Probleme hinter negativen Emotionen aufzuspüren.

2.2
Die Team Alignment Map für Projekte

Verringern Sie Projektrisiken und Umsetzungsprobleme.

Glauben Sie, wir können es noch schaffen?

Techniken zur Verringerung von Projektrisiken und Umsetzungsproblemen

Ein erheblicher Teil Energie und Ressourcen geht in Projekten verloren, wenn wichtige Projektbeteiligte nicht ausreichend koordiniert sind. Die Informationen fließen nur spärlich und Umsetzungsprobleme schrauben sich hoch zu Kosten- und Zeitüberschreitungen, schlechter Qualität oder fehlender Kundenzufriedenheit. Für jeden Projektleiter oder -manager sollte es Priorität haben, einen gemeinsamen Ausgangspunkt dessen zu schaffen, was getan werden muss, um über die Zeit hinweg ein hohes Maß an Koordination zu bewahren, ebenso wie es die Pflicht jedes Projektbeteiligten ist, auf dem Laufenden zu bleiben und neue Informationen weiterzuleiten.

√

Empfohlen für Projekte

Für jedes Projektteam, ob neu oder erfahren. Diese Techniken können für sich verwendet werden oder ergänzend zu Ihren bevorzugten Projektmanagement-Tools, egal ob Sie die Wasserfall-Methode oder das Agile-Projektmanagement verwenden.

×

Nicht empfohlen für Betriebsabläufe

Nicht von Nutzen für operative Teams, zum Beispiel solche, die stabile, umfangreiche, wiederkehrende Aktivitäten durchführen, es sei denn, ein Projekt ist in Sicht.

Projekten zu einem guten Start verhelfen

Ein guter Start kostet weniger als ein schlechter.

Die TAM kann dabei helfen, rasch ein erstes Gesamtbild zu erzeugen, in dem jeder Teilnehmer seinen Platz finden muss, ob Ihr Team nun mit einem Projekt befasst ist (Wasserfall) oder mit einem Releaseplan (Agile).

Gleich zu Beginn eine starke Koordination zu erzielen erfordert zusätzliche Mühen, doch der Nutzen wird sich während des gesamten Projekts bemerkbar machen.

Es ist keine gute Idee, die anfängliche Koordination zu vernachlässigen. Die Notwendigkeit von Koordinations- und Krisenkomitees explodiert schnell in Teams, die sich direkt mit schlecht aufeinander abgestimmten Mitgliedern in die Arbeit stürzen. Wenn es um die Projektarbeit geht, ist ein guter Start gar nicht hoch genug zu schätzen.

Nutzen Sie die Team Alignment Map, um

- der Einigkeit einen ersten Anschub zu geben und die Erfolgschancen zu erhöhen,
- mehr Ruhe und Kontrolle während der Umsetzungsphasen zu erzielen.

Beginnen Sie Projekte mit einer TAM-Session

1. Schaffen oder validieren Sie mit der TAM Einigkeit darüber, wer was erledigt, ehe Sie sich ans Werk machen.
2. Wenn Projekte angestoßen werden, führen Sie eine TAM-Session durch. Die Erfahrung zeigt, dass es klüger ist, den Start so lange hinauszuschieben, bis eine ausreichende Übereinstimmung erreicht ist.

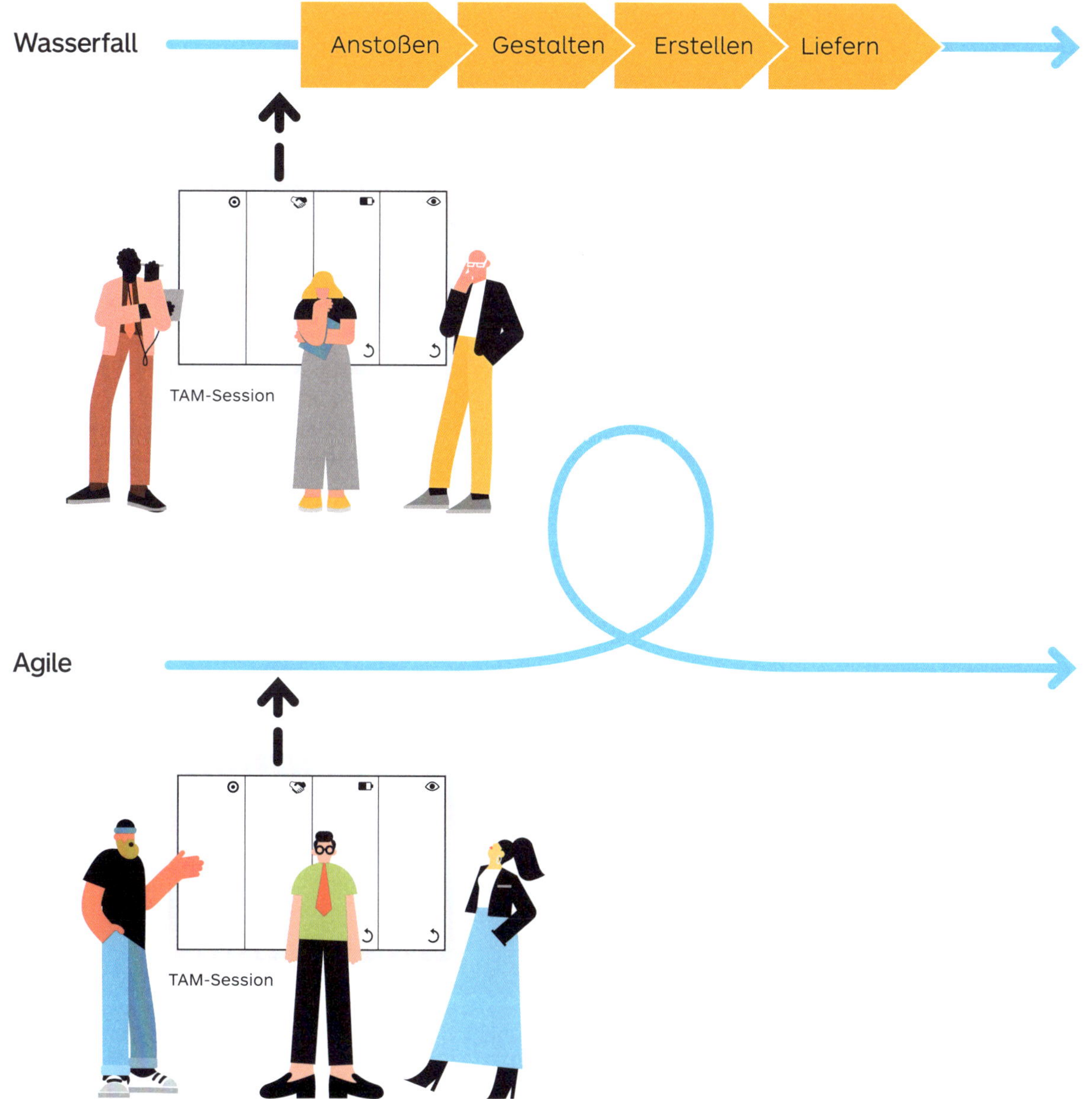
Wasserfall
Anstoßen
Gestalten
Erstellen
Liefern
TAM-Session
Agile
TAM-Session

Koordination aufrechterhalten

Wie Sie während des gesamten Projektlebenszyklus im Einklang bleiben.

Sind die Koordinationsbemühungen während des gesamten Projekts ähnlich? Nein: In Teams, die eine gute Ausgangseinigkeit haben, gehen die Koordinationsbemühungen im Laufe der Zeit zurück – anders als bei Teams, die Projekte mit schlecht aufeinander abgestimmten Mitgliedern beginnen und aufgrund von Wahrnehmungsunterschieden zunehmend Probleme erleben.

→

Nutzen Sie die Team Alignment Map, um

- die richtigen Koordinationsbemühungen zum richtigen Zeitpunkt zu investieren,
- Überkollaboration zu vermeiden.

Projekte mit einer TAM-Session beginnen

1. **Wasserfall-Projekte**: Nutzen Sie die TAM während der Anfangs- und Planungsphase wöchentlich oder monatlich, anschließend während der Umsetzungs- und Auslieferungsphase nur wenn notwendig.
2. **Agile-Projekte**: Nutzen Sie eine schnelle TAM-Session zu Beginn jedes Sprints. Im Laufe der Zeit werden die Sessions kürzer.

Koordinationserfordernis bei Wasserfall-Projekten

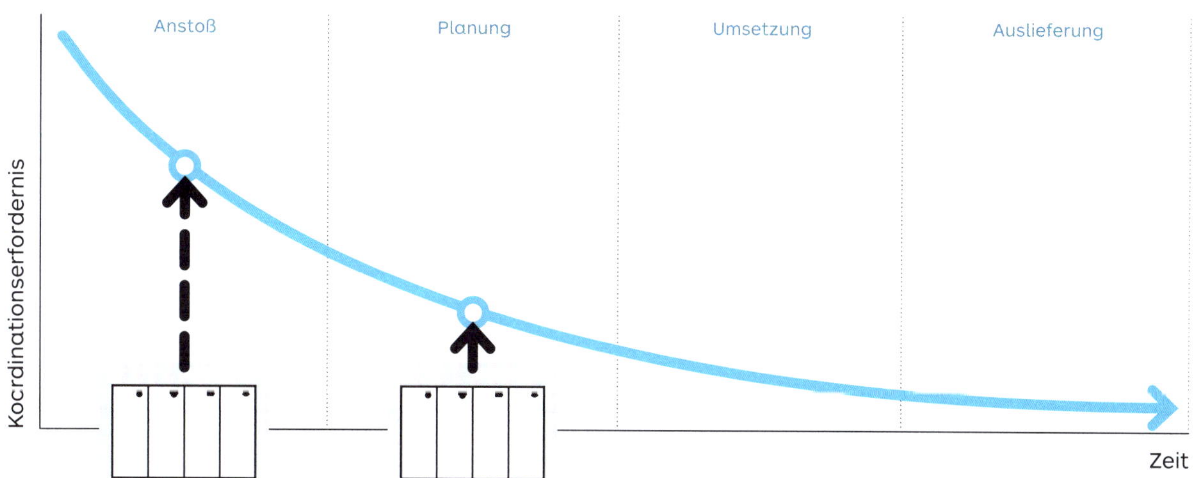

Koordinationserfordernis bei Agile-Projekten

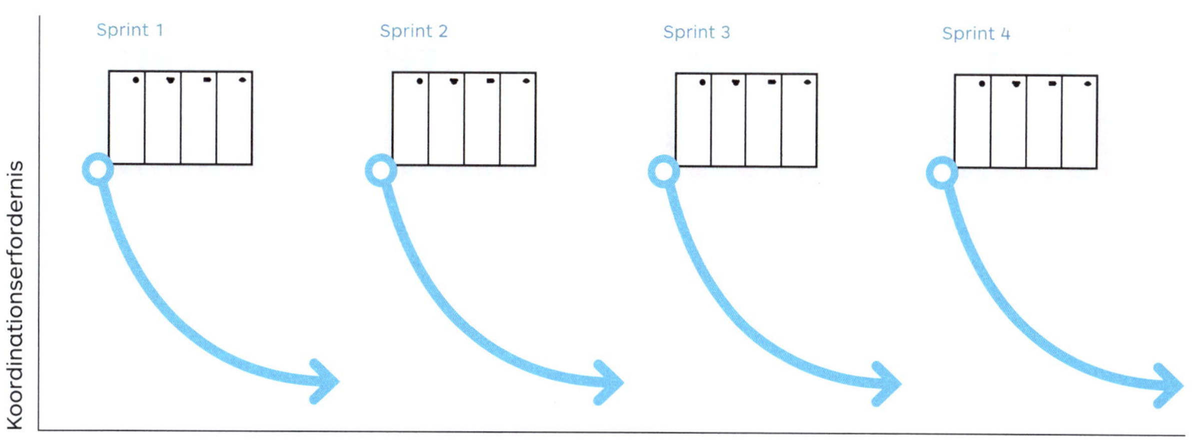

Vier einfache Methoden zur Aufrechterhaltung der Koordination mit der TAM

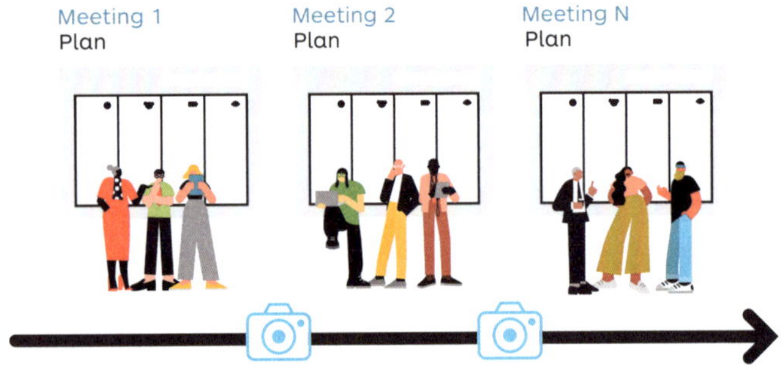

Wöchentlich

Erstellen Sie eine erste TAM und geben Sie allen Teammitgliedern ein Foto davon. Bei der nächsten Session erstellen Sie eine neue TAM für die nächste Periode, indem Sie sich auf das Bild der vorherigen TAM beziehen.

Anfänglich und mit Überprüfungen

Führen Sie nur eine TAM-Session am Anfang durch und teilen Sie ein Foto mit dem Team. Führen Sie am Ende der folgenden Meetings nur rasche Assessments durch, um zu bestätigen, dass alles seinen Weg geht. Aktualisieren Sie die anfängliche TAM, wenn notwendig.

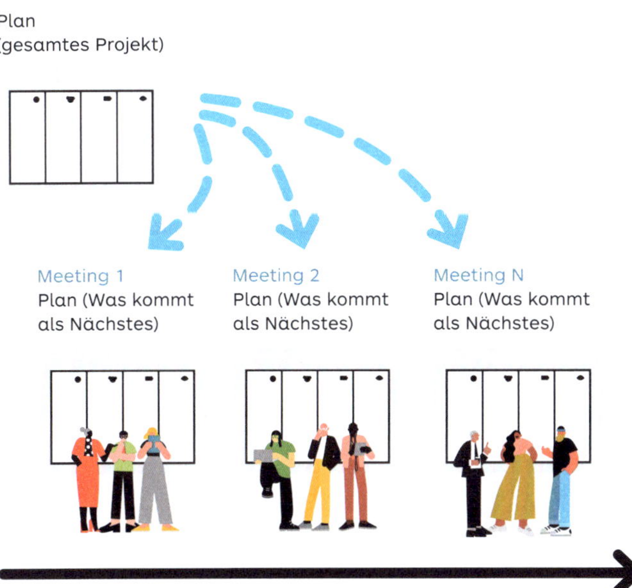

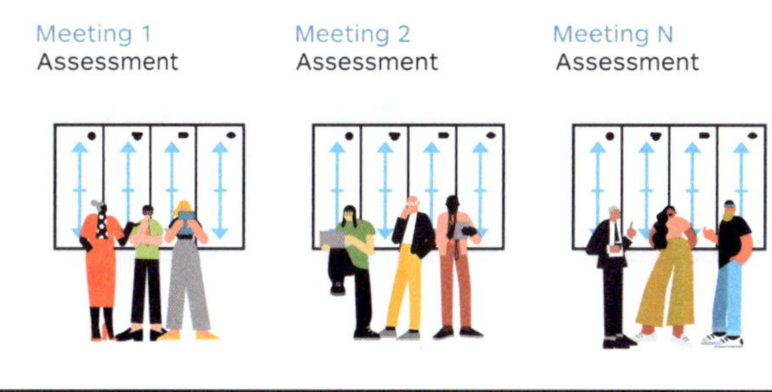

Gesamtes Projekt und wöchentlich

Es wird eine TAM erstellt, die das gesamte Projekt abdeckt. Allwöchentlich werden neue TAMs erstellt, die nur eine Arbeitswoche abdecken.

Rasche Überprüfungen

Für Teams, die mit anderen Tools und Methoden des Projektmanagements arbeiten, können am Ende der wichtigen Meetings mit der TAM rasche Überprüfungen durchgeführt werden.

Aufgabenfortschritte kontrollieren

Wie man die TAM im Kanban-Stil nutzt, um die Arbeit auf einer einzigen Wand zu koordinieren und nachzuverfolgen.

Teamkoordination und Aufgabenkontrolle sind zwei verschiedene Aktivitäten und im Allgemeinen werden die Aufgabenfortschritte anhand von Projektmanagement-Plattformen überwacht. Es gibt jedoch auch eine kostengünstige Lösung, die bei kleinen und mittleren Projekten funktioniert: Hängen Sie eine TAM an die Wand und fügen Sie drei einfache Spalten hinzu, um eine Kanban-Tafel zu simulieren.

Nutzen Sie die Team Alignment Map, um

- Fortschritte auf einer einzigen Wand zu koordinieren und zu überprüfen,
- von einer einfachen und kostengünstigen Lösung zu profitieren.

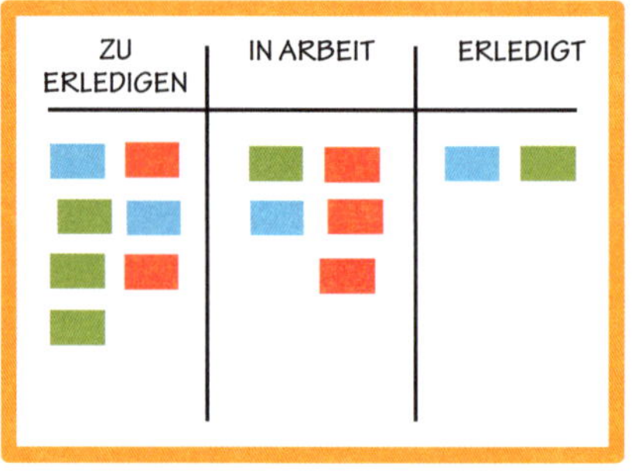

Eine Kanban-Tafel bietet eine einfache und wirkungsvolle Struktur zur Überwachung von Fortschritten. Die Aufgaben (farbige Zettel) werden zwischen drei verschiedenen Spalten verschoben: **Zu erledigen** enthält die Arbeit, die vereinbart wurde und noch aussteht, **In Arbeit** enthält die Aufgaben, an denen die Teammitglieder gerade arbeiten, und **Erledigt** enthält die Arbeit, die abgeschlossen wurde.

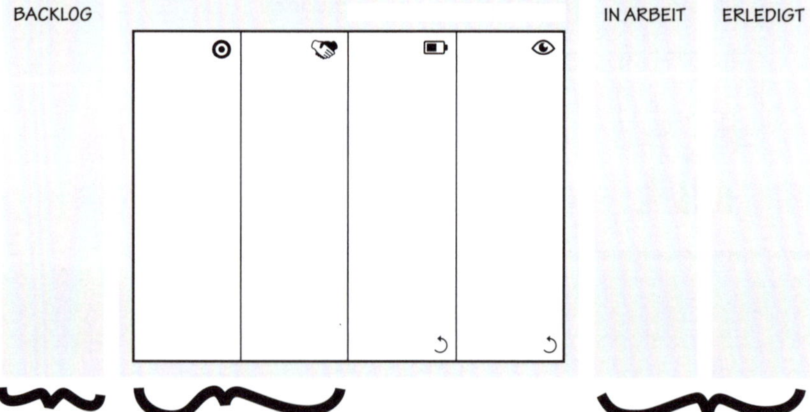

Die **Backlog**-Spalte ist ein »Eingangsfach«, um Ideen und Ziele zu sammeln, die noch nicht im Team besprochen und validiert wurden.

Zusammengefasst ergeben die Spalten Gemeinsame Ziele und Gemeinsames Engagement den Inhalt der Spalte **Zu erledigen** einer traditionellen Kanban-Tafel.

Rest der Kanban-Tafel.

Fortschritte überwachen mit einer Team Alignment Map im Kanban-Stil

1. Bestimmen Sie die Mission.
2. Schreiben Sie neue Ideen und Ziele in die Backlog-Spalte.
3. Führen Sie einen Vorwärts- und Rückpass für vorrangige Punkte durch.
4. Verschieben Sie die gemeinsamen Ziele in Kombination mit dem gemeinsamen Engagement (Zu erledigen) in die Spalten In Arbeit und Erledigt, wenn die Teammitglieder anfangen, ihre Arbeit zu tun und abzuschließen.

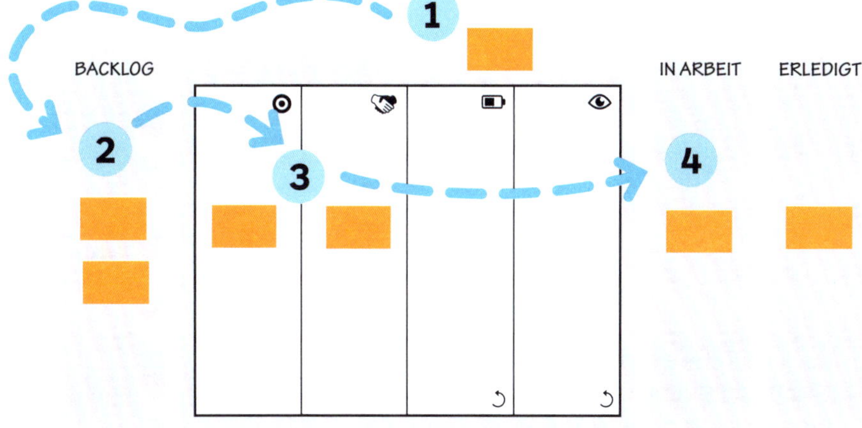

Die Kanban-TAM in der Praxis

Teilen Sie die Wand in drei Hauptbereiche ein: Puffer, Abklären und Nachverfolgen.

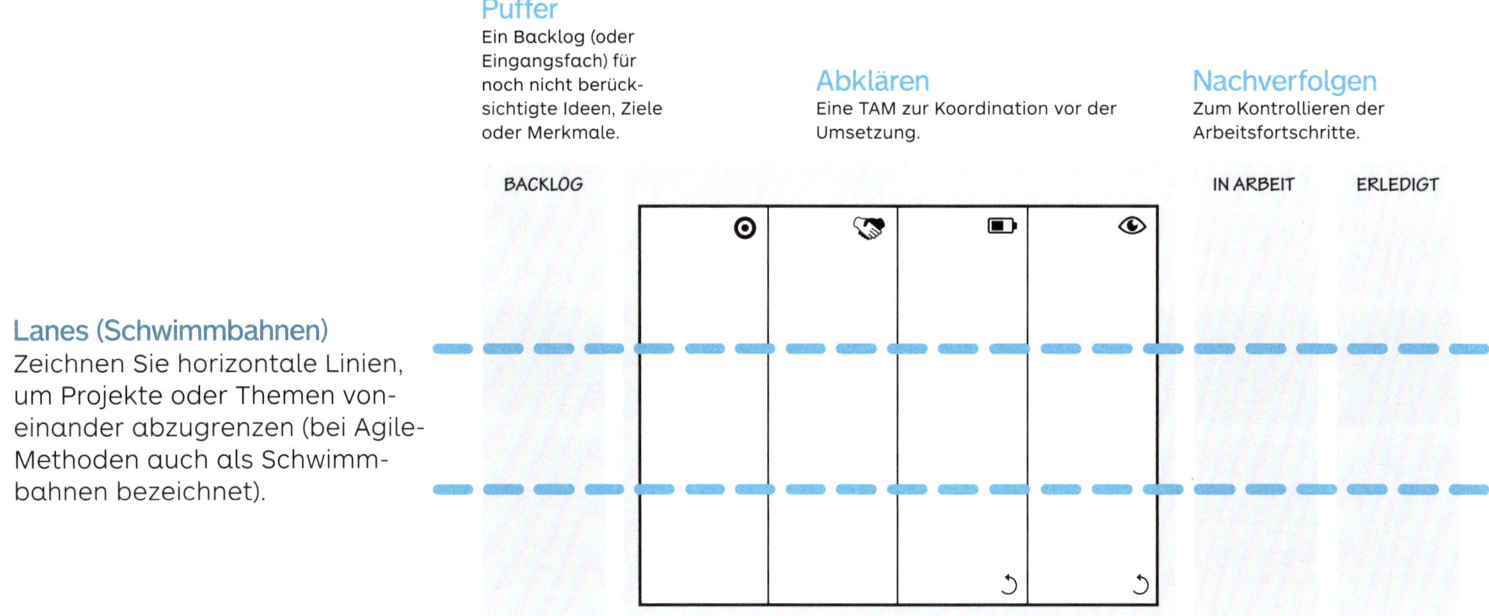

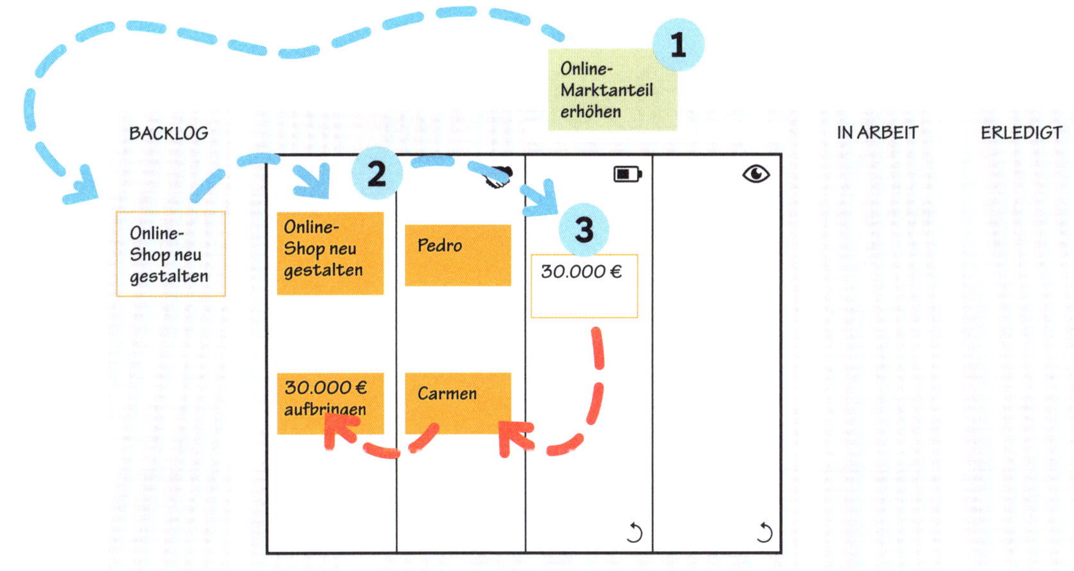

Beispiel

1. Die Mission des Teams lautet, den Online-Marktanteil zu erhöhen. Eine der Ideen dafür ist die Neugestaltung des Online-Shops.
2. Pedro sagt zu, den Online-Shop zu verbessern, wenn ihm ein Budget von 30.000 € zugeteilt wird, um die nötigen Lizenzen zu erwerben (Vorwärtspass).
3. Carmen, die Leiterin der Marketingabteilung, verspricht, das Budget schnell zu beantragen (Rückpass).
4. Carmen kündigt an, dass das Budget genehmigt ist, und Pedro beginnt mit der Arbeit an der Neugestaltung. Sie verschieben ihr gemeinsames Engagement (Zu erledigen) in die Spalten In Arbeit und Erledigt.
5. Die Spalten In Arbeit und Erledigt zeigen zu jedem Zeitpunkt, wer woran arbeitet und was bereits fertig ist.

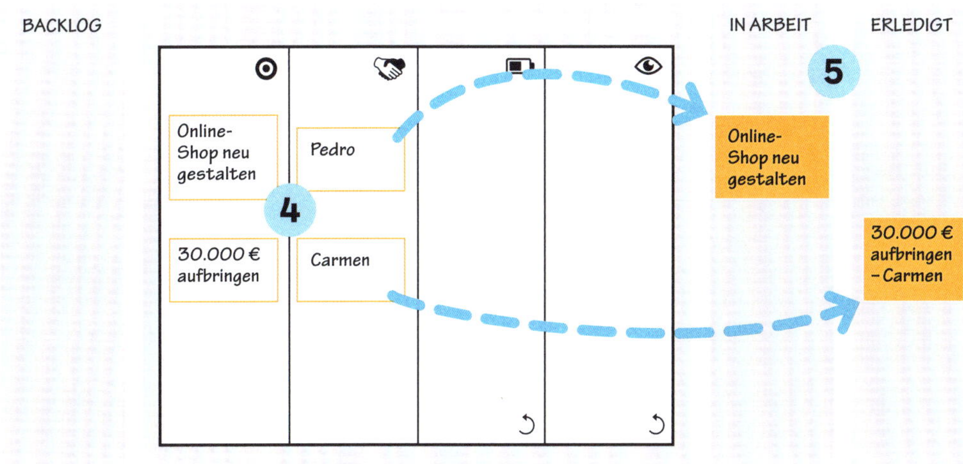

Risiken verringern (und Spaß dabei haben)

Gehen Sie Risiken im Team visuell an.

Projektteams können das Risikomanagement vernachlässigen. Es stimmt, dass das stundenlange zeilenweise Ausfüllen von Projekttabellen als unangenehme Tätigkeit wahrgenommen werden kann.

Eine solche Übung kann viel mehr Spaß machen, wenn man sie gemeinsam visuell im Rahmen einer Koordinations-Session durchführt – das ist die Raison d'être des Rückpasses. Post-its zu entfernen heißt, Probleme zu entfernen – das zeigt einen greifbaren Fortschritt und motiviert das Team.

Nutzen Sie die Team Alignment Map, um

- Projektrisiken nahtlos zu umschiffen und
- die Verantwortung des Teams für das Risikomanagement zu erhöhen.

Durchführung und Betonung des Rückpasses

1. Führen Sie einen Vorwärts- und einen Rückpass für das Projekt durch.
2. Bestehen Sie auf dem Rückpass: Sorgen Sie dafür, dass die beiden letzten Spalten ordentlich geleert werden und keine kritischen Elemente mehr enthalten.
3. Planen Sie ein zusätzliches Meeting ein, wenn die Zeit knapp wird.
4. Nehmen Sie als Team mit einer Abstimmung eine Validierung vor; teilen Sie ein Foto der TAM und des Abstimmungsergebnisses.

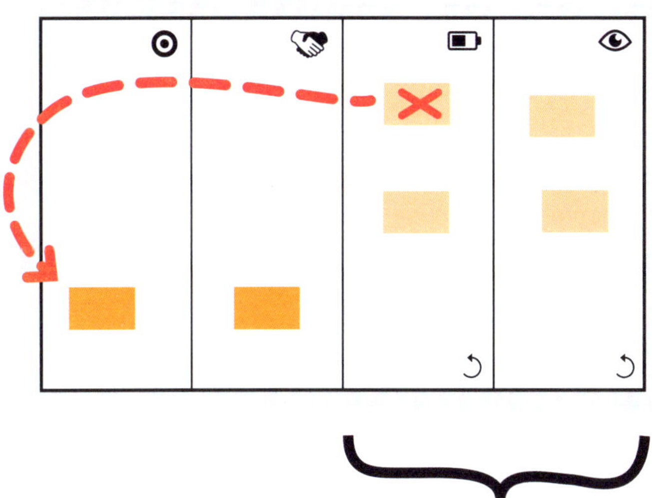

Geben Sie dem Team die Aufgabe, diese beiden Spalten vollständig zu leeren.

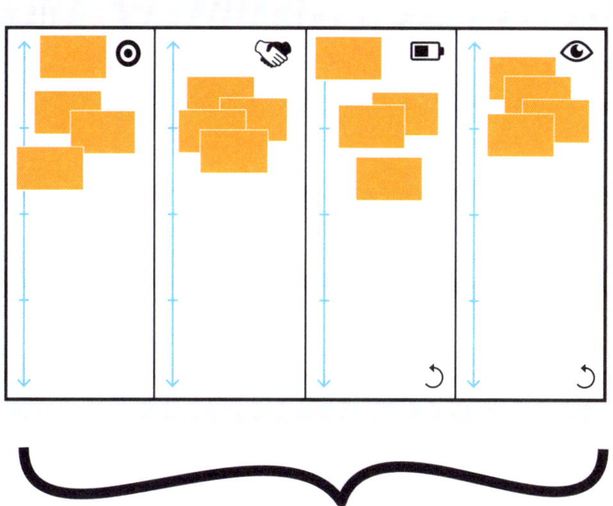

Schließen Sie dies mit einer Validierungsabstimmung ab (das bestmögliche Abstimmungsergebnis ist hier dargestellt).

Räumlich getrennte Teams koordinieren

Überwinden Sie Entfernungsprobleme durch die Nutzung von Online-Boards.

Räumlich voneinander getrennte Teams können sich mithilfe von Online-Boards wie Miro oder Mural koordinieren und profitieren von großartigen Features wie:

- einer unendlichen Canvas, die alle physischen Beschränkungen aufhebt
- synchroner und asynchroner Zusammenarbeit
- Chats und Videokonferenzen
- der Möglichkeit zum Anhängen von Videos und Dokumenten oder zum Hinzufügen von Kommentaren

Teams vor Ort können ebenfalls ihren Nutzen aus diesen Features ziehen und profitieren außerdem von Aktualisierungszusammenfassungen, Versionsverläufen, Archivierung und der Integration mit leistungsstarken Projektmanagement-Tools.

Nutzen Sie die Team Alignment Map, um

- eine Vorlage in Ihrem bevorzugten Board zu erstellen,
- über räumliche Distanzen hinweg Koordination zu erzielen und aufrechtzuerhalten.

Verwenden Sie ein Bild der TAM als Hintergrund

1. Erstellen Sie die Vorlage einer TAM in Ihrem bevorzugten Online-Board.
2. Schaffen und bewahren Sie die Koordination über räumliche Distanzen hinweg.

Tipps

- Nutzen Sie für die erste Koordinations-Session eine Videokonferenz; dabei werden auch nonverbale Informationen übermittelt.
- Erstellen Sie eine Team Alignment Map im Kanban-Stil, um den Fortschritt auf einem einzigen Board zu koordinieren und zu überwachen (S. 160).
- Online-Umfragen sind gegenüber Online-Boards vorzuziehen, wenn es um die Durchführung von TAM-Assessments geht.

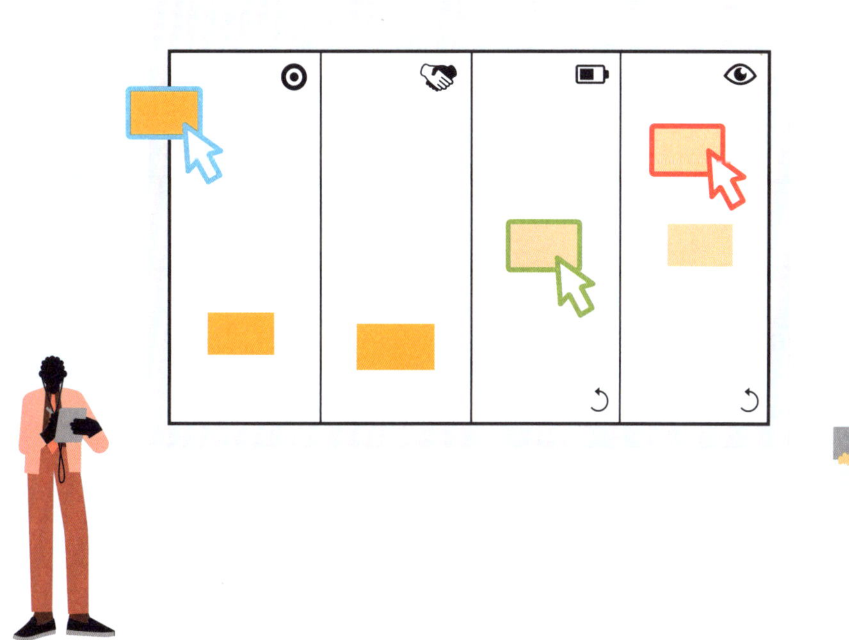

Profi-Tipps

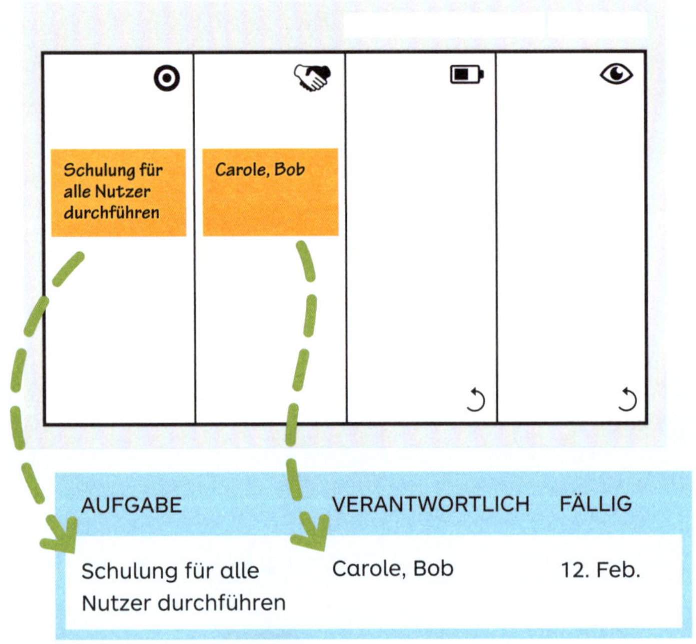

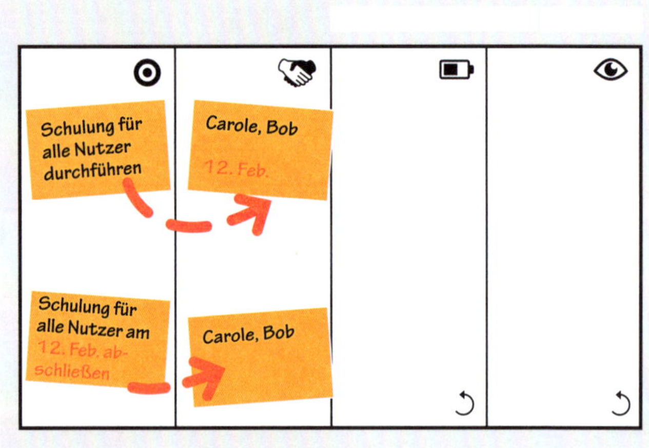

Aufgaben mit Online-Tools nachverfolgen

Übertragen Sie die Kopplung von Zielen und Vereinbarungen in Aufgaben und Zuweisungen. Gemeinsame Ressourcen und gemeinsame Risiken können ebenfalls und mit derselben Vorgehensweise übertragen und zugewiesen werden.

Abgabetermin und Meilensteine hinzufügen

Daten und Zeiträume können den gemeinsamen Zielen oder dem gemeinsamen Engagement direkt hinzugefügt werden. Fügen Sie in der ersten Spalte Meilensteine als gemeinsame Ziele hinzu.

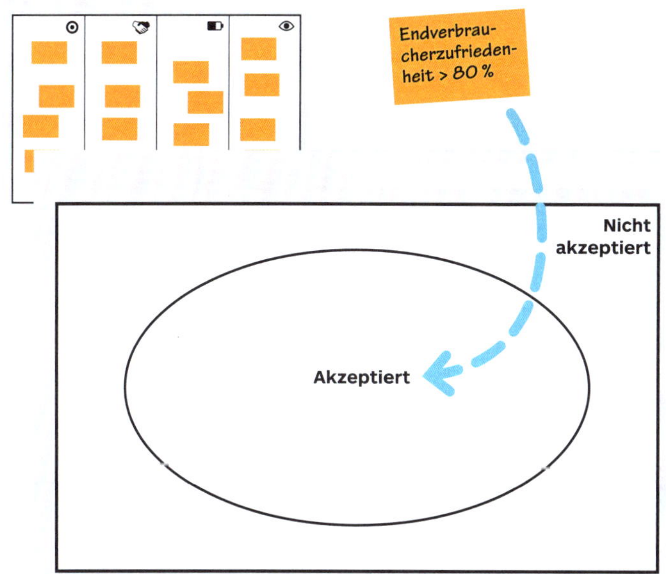

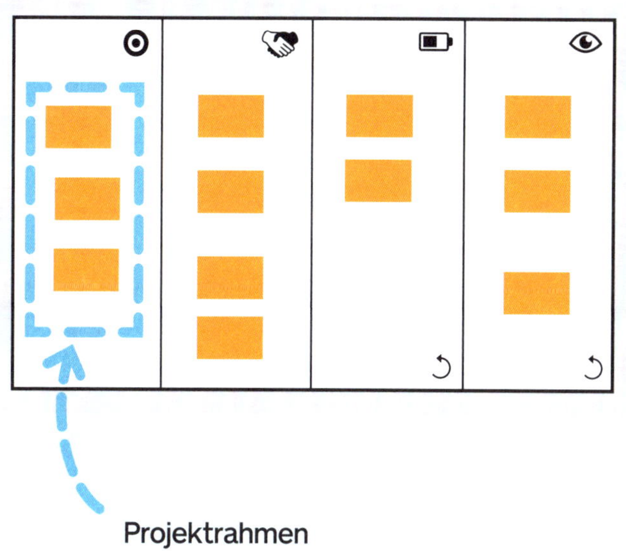

Erfolgskriterien hinzufügen

Nutzen Sie den Teamvertrag, um Erfolgskriterien zu besprechen und festzuhalten (siehe S. 198). Die TAM konzentriert sich auf die Koordination gemeinsamer Aktivitäten, während der Teamvertrag die Regeln des Spiels festlegt.

Was ist, wenn einige Ziele nicht auf der Team Alignment Map stehen?

Sie befinden sich einfach außerhalb des Rahmens dieser Mission.

2.3 Die Team Alignment Map für Unternehmenskoordination

Schaffen Sie Koordination zwischen Führungskräften, Teams und Abteilungen, um der internen Abkapselung entgegenzuwirken.

Was meinst du mit
»funktionsüber-
greifend« und »agil«?

Techniken zur Koordinierung von Teams

Hochkarätige Individuen und Teams, die in funktionsspezifischen Elfenbeintürmen isoliert sind, können keine neuen Geschäftsmodelle erfinden und keine neuen Kundenerlebnisse, neuen Produkte und neuen Dienstleistungen einführen, die auf neuen Prozessen beruhen. Komplexe Herausforderungen können nur durch eine effektive funktionsübergreifende Zusammenarbeit bewältigt werden und durch Beteiligte, die verstehen, wie sich die Strategie auf persönlicher Ebene in konkrete Alltagsaktivitäten umsetzen lässt.

Verwenden Sie diese Techniken, um Ihren Strategieprozess zu ergänzen oder bei der Einführung neuer strategischer Initiativen, um eine natürliche Koordination zu erzielen, die funktionsübergreifende Arbeit zu ermöglichen und das Engagement zu stärken.

✓

Empfohlen für organisches Change-Management

Schaffen Sie einen organischen Wandel, indem Sie einen gemeinsamen Prozess und eine gemeinsame Sprache einführen, indem Sie Teams stärken und den Dialog zwischen Teams und Führung verbessern.

×

Nicht empfohlen ohne Führungsunterstützung

Stellen Sie sicher, dass Sie sich innerhalb Ihres Legitimitätsspielraums befinden, ehe Sie die Teams versammeln. Je stärker funktionsübergreifend die Initiative, desto höher muss der Grad der Unterstützung sein, um politischen Gegenwind zu vermeiden.

Teams stärken

Legen Sie die Rolle des erschöpften Superhelden ab.

Teams können massiv scheitern, wenn (1) die Teammitglieder keine durchdachten Entscheidungen treffen, weil sie die strategische Richtung nicht verstehen, und wenn (2) die für die Arbeit jedes Einzelnen notwendigen Bedingungen nicht gegeben sind/Ressourcen fehlen.

Eine TAM-Stärkungs-Session kann Ihnen als Teamleiter helfen, diese beiden Probleme anzugehen. Sie bestimmen und erklären die Richtung (Mission), das Team arbeitet unabhängig am Wie (Vorwärtspass), gemeinsam werden Risiken minimiert und Ressourcen ausgehandelt (Rückpass).

Dieses Vorgehen ist vergleichbar mit der sogenannten »koordinierten Autonomie« des Musikstreamingdienstes Spotify. Die Teams werden darin unterstützt, diese Grundformel zu verwenden: Autonomie = Autorität x Koordination (Henrik Kniberg 2014). Die Mission wird von der Führungsspitze bestimmt (Autorität), das Team ist verantwortlich für das Wie (Vorwärts- und Rückpass) und all dies geschieht in einem ständigen Dialog (Koordination).

Nutzen Sie die Team Alignment Map, um

- Arbeit erfolgreich zu delegieren,
- den Teams bei der Selbstorganisation zu helfen und die Autonomie zu erhöhen.

Teams mit der TAM stärken

Positionen und Zuständigkeiten
Führungskräfte – das Was und Warum

- Kommunizieren Sie die Mission: welche Herausforderung angegangen oder welches Problem gelöst werden muss und aus welchem Grund.
- Setzen Sie kurzfristige Ziele.
- Verteilen Sie die vom Team benötigten Ressourcen.

Teams – das Wie

- Finden Sie die beste Lösung für das Problem. Optimieren Sie die Ressourcennutzung.
- Arbeiten Sie, wenn nötig, mit anderen Teams zusammen.

Kurze Empowerment-Meetings mit der TAM (60 Minuten)

1. Mission (5 Minuten): Der Teamleiter weist dem Team eine klare Mission zu (was und warum) und setzt kurzfristige Ziele (gemeinsame Ziele). Er verlässt den Raum und kommt für Schritt 3 zurück.
2. Vorwärtspass (30 Minuten): Das Team führt unabhängig einen Vorwärtspass aus; die Verantwortlichkeit wächst, wenn das Team selbst das »Wie« definiert.
3. Präsentation (5 Minuten): Der Teamleiter ist wieder da und das Team präsentiert den Vorwärtspass.
4. Rückpass (20 Minuten), durchgeführt vom Team und seinem Leiter: Ressourcen werden ausgehandelt/zugeteilt und Risiken gemeinsam minimiert, indem Inhalte der TAM hinzugefügt, angepasst und entfernt werden.
5. Validierung: gemeinsame Validierung der TAM durch Teamleiter und Team.

+ Tipps

- Formulieren Sie die Mission als Herausforderung, um noch mehr Engagement zu erzeugen (Kapitel 2, Das Engagement der Teammitglieder stärken, S. 136).
- Nutzen Sie den Teamvertrag, um das »Wie« der Zusammenarbeit im Hinblick auf Regeln, Prozesse, Tools und Validierungspunkte festzulegen (S. 198).

Große Gruppen mitreißen

Wie sich große Teams mobilisieren lassen

Engagement entsteht aus Mitwirkung. Punkt. Das Mobilisieren großer Teams erfordert einiges an Energie und Zeit, besonders wenn mehrere Koordinierungs-Sessions nötig sind. Aber es ist jeden Cent wert, denn je größer die Gruppe oder die Initiative, desto höher das finanzielle Risiko und die Wahrscheinlichkeit des Scheiterns. Eine starke Koordination ist von Anfang an notwendig, um massive Budgetüberschreitungen und andere Umsetzungskatastrophen zu vermeiden.

Also: Buchen Sie einen großen Veranstaltungsort, unterteilen Sie die Leute in Untergruppen, führen Sie parallele Sessions durch, um jedem Teilnehmer eine Stimme zu geben, fügen Sie alles zusammen und teilen Sie die Ergebnisse mit, ehe Entscheidungen getroffen werden und alle sich ans Werk machen.

Nutzen Sie die Team Alignment Map, um

- die Bereitwilligkeit und das Engagement der Beteiligten zu erhöhen,
- das finanzielle Risiko zu verringern.

Große Gruppen mobilisieren

1. Aufteilen (5 Minuten): Teilen Sie die Beteiligten in Gruppen von 4 bis 8 Personen auf.
2. In Kleingruppen koordinieren (30 Minuten): Führen Sie parallele TAM-Sessions durch, indem Sie den Gruppen dieselbe globale Mission oder Untermissionen zuweisen.
3. Präsentieren (5 Minuten pro Kleingruppe): Jedes Gruppenmitglied präsentiert seine TAM allen anderen Gruppenmitgliedern.
4. Zusammenfügen (nach dem Meeting): Wenn umsetzbar, fasst ein Moderator die Ergebnisse in einer einzigen TAM zusammen.
5. Mitteilen (nach dem Meeting): Die zusammengefügten Ergebnisse werden an alle Teilnehmer versandt, für gewöhnlich zusammen mit einer Liste der getroffenen Entscheidungen und deren Begründungen.

Zusätzliche Schritte werden durchgeführt, bis ein ausreichend hohes Maß an Koordination erreicht ist. Online-TAM-Assessments können die Koordination in großen Gruppen festigen.

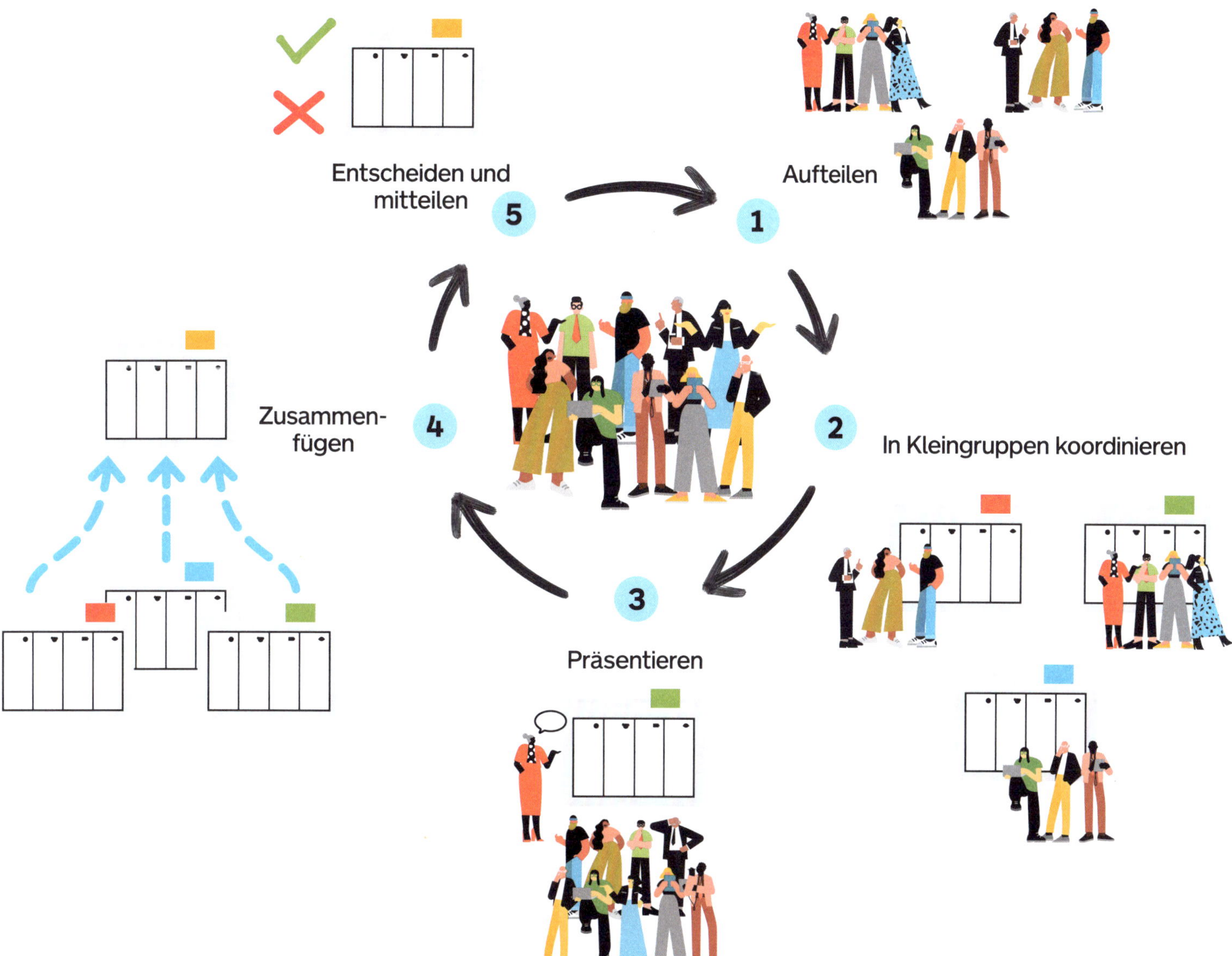
Entscheiden und mitteilen
5
1
Aufteilen
2
In Kleingruppen koordinieren
3
Präsentieren
4
Zusammen-fügen

Abteilungs- und funktionsübergreifende Zusammenarbeit erleichtern

Verhelfen Sie funktionsübergreifenden Teams zu mehr Erfolg.

Wenn Missionen und Ziele innerhalb der Organisation nicht koordiniert sind, werden funktionsübergreifende Teams oft zerrieben zwischen unvereinbaren Abhängigkeiten und politischen Rangeleien um interne Ressourcen. Ein unterstützender Kontext für die funktionsübergreifende Arbeit beginnt, indem die Missionen für alle betroffenen Teams koordiniert werden, allgemeine kurzfristige Ziele zugewiesen werden und die Teams die Möglichkeit erhalten, gemeinsame Ziele zu besprechen und zu verhandeln. Das kann im Rahmen von Koordinations-Workshops mit der TAM erfolgen, die sich darauf konzentrieren, Missionen und Ziele mit den Führungskräften und unter den Teams zu koordinieren.

Nutzen Sie die Team Alignment Map, um

- eine gemeinsame Sprache, einen gemeinsamen Prozess und gemeinsame Ziele zu schaffen,
- die Kultur zu entwickeln und neue Methoden der Zusammenarbeit einzuführen.

Funktionsübergreifende Arbeit mit der TAM unterstützen

3 bis 6 Stunden

1. **Mission** (10 Minuten): Die Teamleiter bestimmen und erklären den Teams eine klare globale Mission (was und warum) und können allgemeine gemeinsame Ziele hinzufügen. Dann verlassen sie den Raum und kehren für Schritt 3 zurück.
2. **Vorwärtspass** (1 Stunde): Die Teams legen fest, wie sie an der globalen Mission mitwirken, entweder direkt oder indem sie eine Untermission festlegen, und führen selbstständig einen Vorwärtspass aus.
3. **Präsentation** (5 Minuten pro Team): Die Teamleiter sind wieder da und jedes Team präsentiert allen anderen Teams seinen Vorwärtspass, was das Bewusstsein dafür stärkt, wer was machen wird. Die Teamleiter validieren die Untermissionen, falls vorhanden, sowie die TAMs.
4. **Rückpass und Verhandlung** (1 Stunde): Die Ressourcen werden zwischen den Teams verhandelt/verteilt und die Risiken minimiert, indem Inhalte der TAM hinzugefügt, angepasst und entfernt werden. Das Hinzufügen neuer Ziele kann einen neuen Vorwärts- und Rückpass auslösen! Die Teamleiter gehen von Gruppe zu Gruppe, beheben Unklarheiten und nehmen Anfragen entgegen.
5. **Zusammenfassung und nächster Schritt:** Die Teamleiter fassen zusammen und kündigen das nächste Meeting zwecks Feedback und Entscheidungen an.

+
Tipps

- Schließen Sie einen oder mehrere Teamverträge, um die Regeln des Spiels zu verdeutlichen oder zu verändern (siehe S. 198).

Missionen und Ziele koordinieren

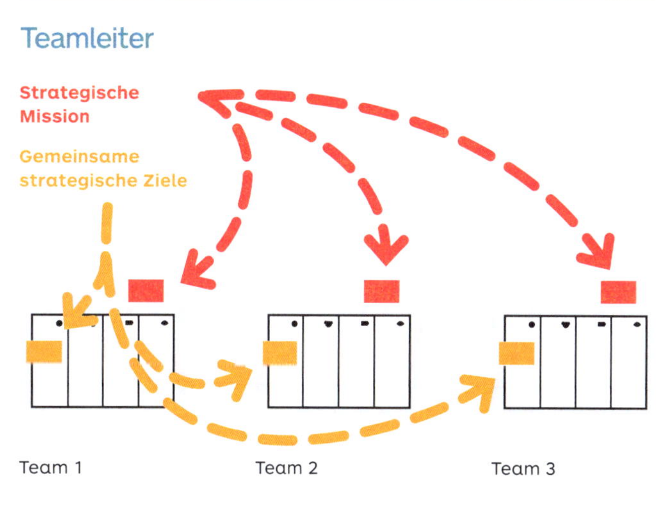

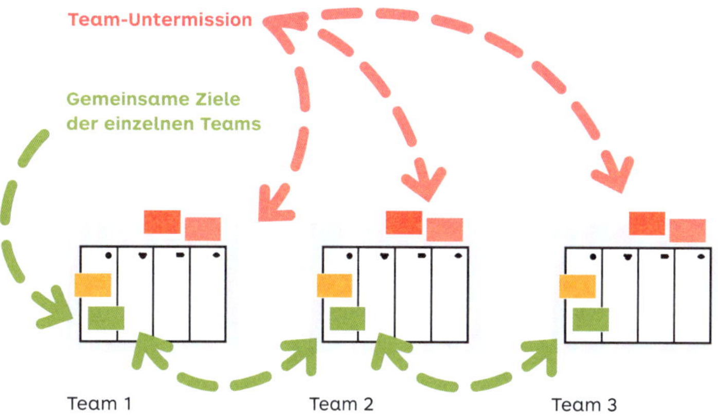

Ressourcen aushandeln und verteilen

Verhandeln Sie über Ressourcen unter Kollegen und mit Vorgesetzten.

Die Ressourcenverhandlung ist entscheidend für alle Projekte. Ob dies innerhalb der Teams oder mit einem Vorgesetzten erfolgt, die beiden Grundprinzipien sind dieselben:

- Definieren Sie die fehlende Ressource, indem Sie den Zusammenhang zwischen der Ressource, den gemeinsamen Zielen und der Mission erklären.
- Wenn das nicht gelingt, wird das verbindende gemeinsame Ziel entfernt oder angepasst.

Nutzen Sie die Team Alignment Map, um

- mit konsistentem Storytelling mehr Ressourcen zu erlangen,
- die Mission und die gemeinsamen Ziele realistischer zu machen.

Option 1
Verhandeln mit Vorgesetzten

- **Ein Vorwärts- und ein Rückpass** werden vom Team durchgeführt. Dem Vorgesetzten wird eine Präsentation angekündigt, um über allfällige fehlende Ressourcen zu verhandeln.
- **Präsentation und Verhandlung mit Führungskräften**: Die TAM wird in logischer Reihenfolge präsentiert, um den Kontext zu schaffen. Fehlende Ressourcen werden besprochen und ausgehandelt. Und wenn sie nicht verfügbar sind, werden die verknüpften Ziele angepasst oder entfernt.

Option 2
Verhandlung zwischen Teams

- **Ein Vorwärts- und ein Rückpass** werden von den Teams mit separaten TAMs ausgeführt.
- Die **Verhandlungskriterien** werden besprochen, vereinbart und zwischen den Teams vor der Verhandlung nach Prioritäten geordnet.
  Die Kriterien können qualitativ (H, M, G) oder quantitativ (1–5) erfasst und gleich behandelt oder unterschiedlich gewichtet werden (50 %, 30 %, 20 %).
- **Präsentation und Verhandlung**: Die Teams präsentieren einander gegenseitig ihre TAMs und unter den Teams werden entsprechend den Kriterien Abwägungen getroffen.

+

Welche Kriterien erhalten oberste Priorität?

Dringlichkeit, Wirksamkeit, Kundenwert, Beitrag zur Strategie etc. Das verhindert, dass Sie sich im Kreis drehen, und hilft dabei, zu sinnvollen Einigungen zu gelangen.

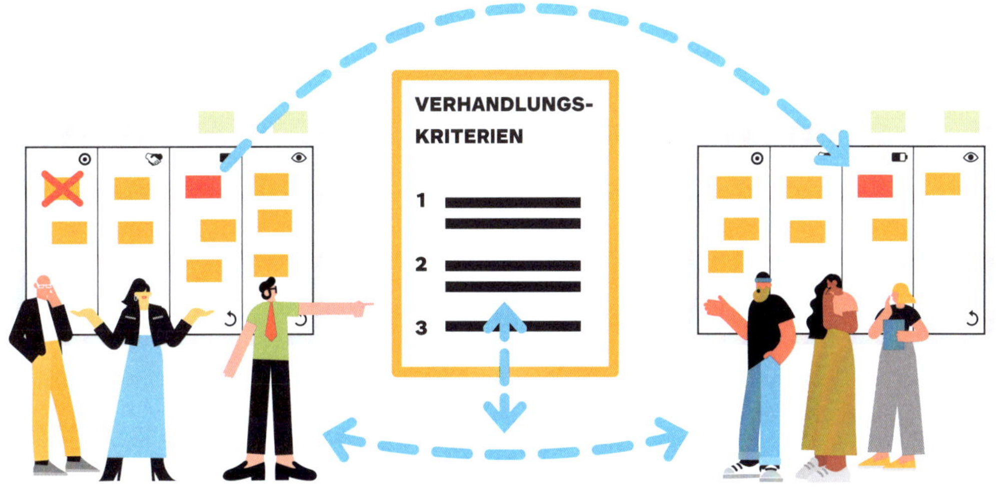

Die TAM mit Strategieprozessen und -Tools integrieren

Integrieren Sie die TAM mit der Business Model Canvas.

Die Team Alignment Map lässt sich hervorragend mit der Business Model Canvas (BMC) integrieren – ein System und Tool, um Geschäftsstrategien zu gestalten. Die Strategie wird operationalisiert, indem die Elemente von einer Canvas auf die andere verschoben werden und indem man die Teams sich selbst organisieren lässt. Das ermöglicht es zukünftigen Mitwirkenden, sich als Teil des Prozesses zu fühlen und zu verstehen, was auf dem Spiel steht; außerdem erhöht es die Zustimmung des Teams.

Nutzen Sie die Team Alignment Map, um

- die Strategie zu operationalisieren,
- eine mühelose Integration mit der Business Model Canvas vorzunehmen.

Suchbegriffe: Business Model Canvas, Business Model Generation, Alex Osterwalder

Integration mit der Business Model Canvas

1. Gestalten Sie die Strategie mit der BMC.
2. Operationalisieren Sie wichtige strategische Ziele mit der Team Alignment Map, indem Sie
   - Missionen zuweisen (Beispiel: Team 1),
   - Ziele zuweisen (Beispiel: Team 2),
   - sich überschneidende Ziele zuweisen (Beispiel: Teams 3 und 4).
3. Lassen Sie die Teams sich selbst organisieren, indem sie einen Vorwärts- und einen Rückpass durchführen, möglicherweise während der Umsetzungs-Workshops, wenn alle betroffenen Teams anwesend sind und miteinander interagieren.

Weitere Schritte werden durchgeführt, bis genügend Übereinstimmung erzielt ist. Online-TAM-Assessments können die Gesamtkoordination bestätigen.

Tipps

- Besprechen Sie zuerst die Schlüsselaktivitäten Ihrer BMC; das ist ein guter Ausgangspunkt.
- Gehen Sie die restliche Canvas durch auf der Suche nach strategischen Zielen, die umgesetzt werden können.

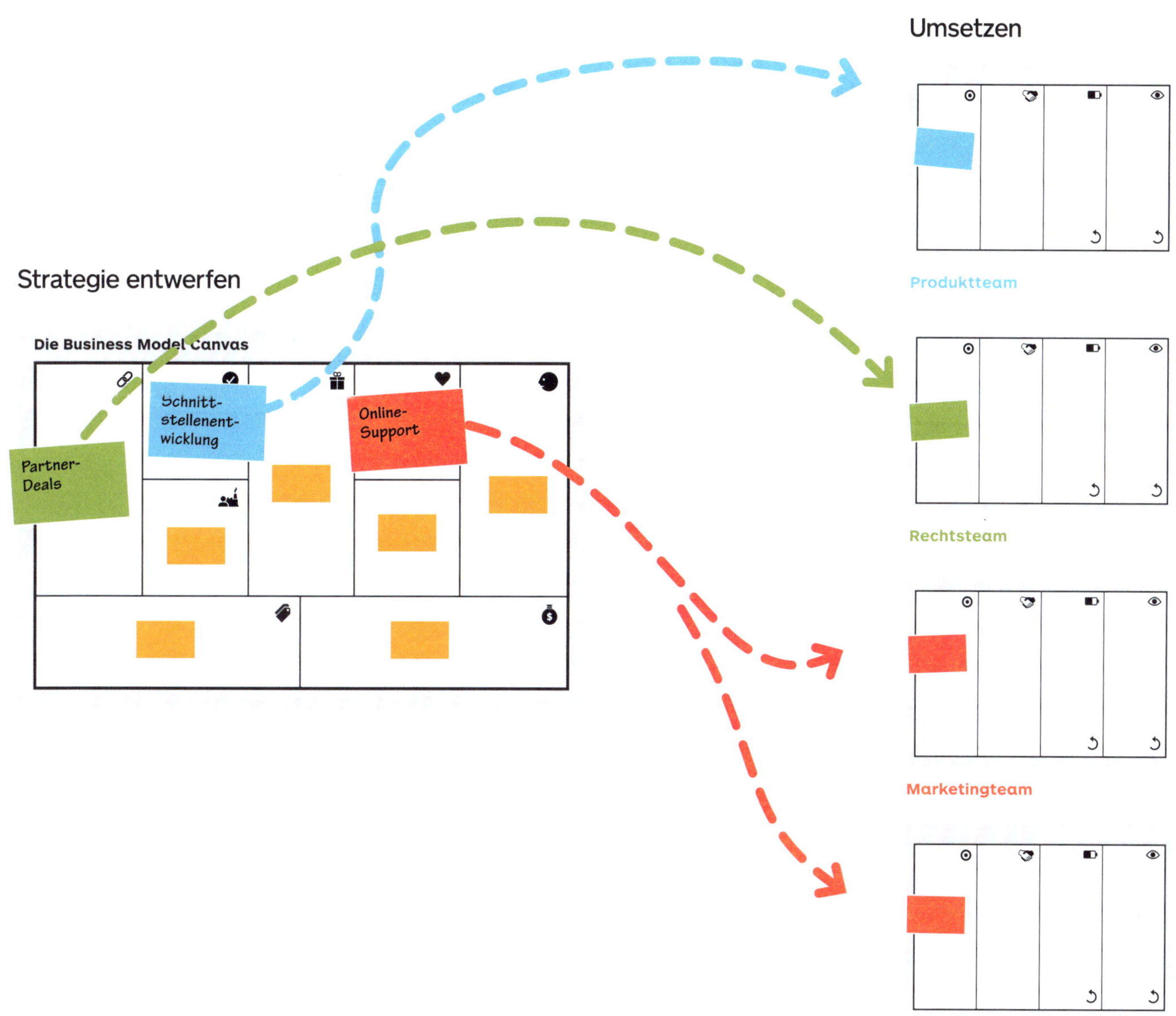

Umsetzen
Strategie entwerfen
Die Business Model Canvas
Partner-
Deals
Schnitt-
stellenent-
wicklung
Online-
Support
Produktteam
Rechtsteam
Marketingteam
Verkaufsteam

Die Einsatzfähigkeit von strategischen Initiativen beurteilen

Wie man die Erfolgschancen von Initiativen mit Hunderten von Projektbeteiligten einschätzt.

Ist unsere strategische Initiative für einen Erfolg gut aufgestellt? Sollten wir besser vorbereitet sein? Sind irgendwelche unmittelbaren Entscheidungen und Handlungen nötig?

Es ist nicht leicht, bei einer strategischen Initiative mit Hunderten Projektbeteiligten den Überblick zu behalten. Schnelle Online-Assessments mit der TAM können durchgeführt werden, um Hunderte von Projektbeteiligten zu fragen, ob sie glauben, einen erfolgreichen Beitrag leisten zu können. Die zusammengefassten Ergebnisse geben einen Hinweis auf die Erfolgsaussichten der Initiative. Das ist keine Raketenwissenschaft, aber dieses Vorgehen kann in Ihrem Unternehmen Millionen einsparen. Ein solches Assessment kann live während großer Koordinations-Events über eine Abstimmungsplattform erfolgen oder per E-Mail anhand eines Umfrage-Tools.

Nutzen Sie die Team Alignment Map, um

- das Umsetzungsrisiko zu mindern,
- jeden durch anonyme Wahl frei abstimmen zu lassen.

Online-Assessment mit der TAM

Führen Sie ein Online-Assessmet durch, indem Sie die folgende Vorlage für ein Online-Umfrage-Tool verwenden:

Als Mitwirkender von ‹ *Name der Initiative* ›
finde ich persönlich, dass

- die gemeinsamen Ziele klar sind (1–5),
- das gemeinsame Engagement definiert wurde – die Funktionen der Personen und der Teams sind klar (1–5),
- die gemeinsamen Ressourcen verfügbar sind (1–5),
- die gemeinsamen Risiken unter Kontrolle sind (1–5).

1 = stimme überhaupt nicht zu
5 = stimme vollkommen zu

Online-Tools verwenden horizontale Regler, deshalb muss die TAM um 90 Grad nach rechts gedreht werden.

Tipps

- Um Assessments nach Themen oder Gruppen durchzuführen, arrangieren Sie mehrere Abstimmungen – nach strategischen Themen, nach Verläufen, nach Projekten oder nach Teams –, um eine ausführlichere Einschätzung zu erhalten.
- Anonyme Wahlen brauchen Mut: Die Abstimmungsergebnisse können unerwartete Überraschungen mit sich bringen.

Der Unterschied zwischen schriftlichen und Online-Assessments

Papier

Input

Ergebnis-
übersicht

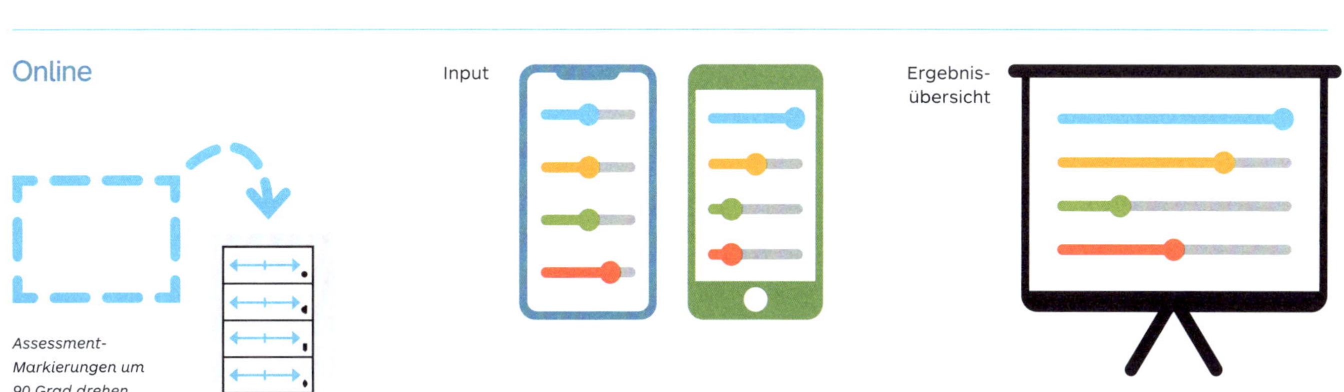

Fallstudie
Versicherungsgruppe
71.000 Beschäftigte

Sind wir bereit, unsere strategische Initiative zu starten?

Olivier leitet ein ehrgeiziges Umwandlungsprogramm in einer Versicherungsgruppe. Die Mission besteht darin, durch Automatisierung und Dezentralisierung operationaler Tätigkeiten Kosten zu senken. Das Programm ist in vier strategische Wege aufgeteilt, von denen jeder mehrere Projekte umfasst. Das Budget liegt im zweistelligen Millionenbereich. Olivier, der CEO und das Projektkomitee fürchten, die Teams könnten noch nicht bereit sein, derart einschneidende Veränderungen durchzuführen. Kurz vor dem Start des Programms vereinbaren sie, die Programmbereitschaft bei 300 Projektbeteiligten zu überprüfen.

Haben sich die Befürchtungen bestätigt?

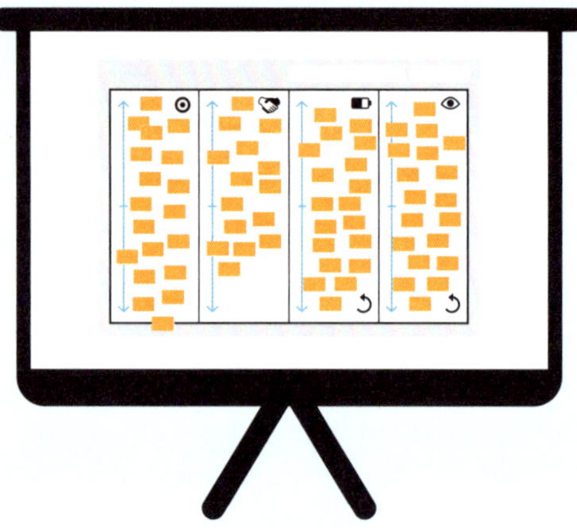

1
Aufdecken

Die Abstimmung enthüllt ein hohes Maß an Uneinigkeit bei jeder Variablen. Das ist das Worst-Case-Szenario. Das Führungsteam ist überrascht von dem Ausmaß der Wahrnehmungsunterschiede.

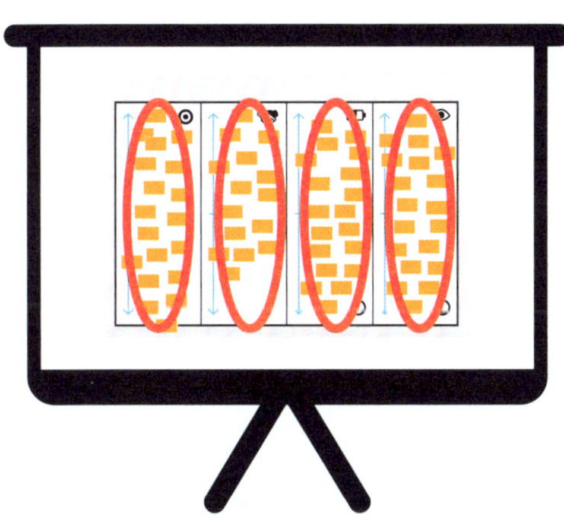

2

Reflektieren

Die Analysediskussion zeigt, dass zentrale Bereiche des Programms absolut noch nicht startbereit sind, und das wirkt sich auf die gesamte Abstimmung aus.

3

Beheben

Der Start des gesamten Programms wird auf unbestimmte Zeit verschoben. Es werden parallele Workshops organisiert, um an den problematischen Faktoren zu arbeiten. Die Entscheidung lautet, das Programm nicht auf den Weg zu bringen, ehe die Kernprobleme gelöst sind.

Die gute Nachricht ist, dass das Budget noch besteht und dass maßgebliche Ressourcen nicht für nichts und wieder nichts vergeudet wurden.

Profi-Tipps

Erfolgreiche Umwandlungsinitiativen

Die erfolgreichen Umwandlungsprogramme, die wir erlebt haben, hatten diese drei Kriterien gemeinsam:

√ **Guter Start**: Die Ziele sind klar und wichtige Projektbeteiligte werden angemessen eingegliedert.
√ **Anhaltender Schwung**: Termine werden in den Kalendern blockiert und die Koordination wird aktiv aufrechterhalten.
√ **Führungsunterstützung**: Es gibt Förderung und Engagement in der Chefetage.

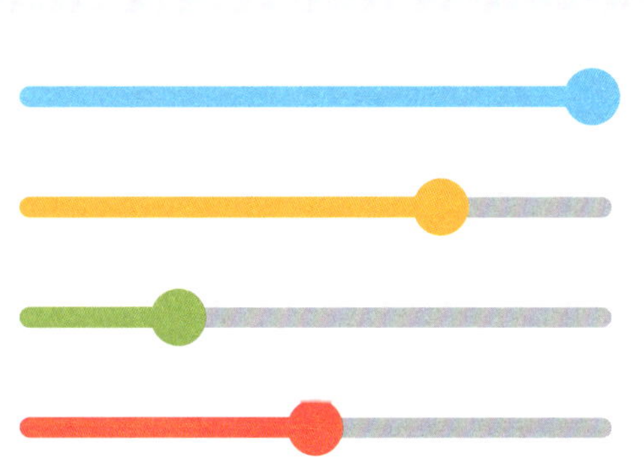

Assessments in großen Gruppen lassen sich mit Online-Abstimmungs-Tools schneller und leichter durchführen.

Vertrauen unter Teammitgliedern

Vier Werkzeuge, um ein Klima des Vertrauens und mehr psychologische Sicherheit zu schaffen

»Die Vorhersagbarkeit menschlichen Verhaltens ist immer auf die eine oder andere Art mit dem Phänomen des Vertrauens verknüpft.«

Paul Watzlawick, Psychologe

Keine Fragen?
Prima.

Überblick

In diesem Teil werden vier Erweiterungen vorgestellt, um mehr psychologische Sicherheit und Vertrauen zu schaffen und ein positives Teamklima zu erzielen.

Vertrauen und psychologische Sicherheit unter Teammitgliedern: der Treibstoff für die Team Alignment Map

Kann ein Team aus talentierten Mitarbeitern, die einander misstrauen, gemeinsam komplexe Probleme lösen und innovieren? Die Antwort lautet schlicht: nein. Vertrauen ist eine Vorbedingung für Koordination.

Das Team erzielt keine kollektiven Lernerfolge, wenn die Menschen sich vor Blamagen und anderen möglichen Bedrohungen schützen, indem sie sich still verhalten. Das führt zu mangelhaften Teamleistungen und der Unfähigkeit, kollektiv innovativ zu arbeiten. Um gemeinsam zu innovieren, müssen die Teammitglieder das Gefühl haben, offen und ehrlich miteinander sprechen zu können, ohne dass sie Verurteilungen oder Repressalien zu befürchten haben. Ein solches Klima wird als psychologisch sichere Umgebung bezeichnet.

Einfach gesagt ist psychologische Sicherheit eine Variation des Vertrauens: »Die Überzeugung, dass es sicher ist, im Team interpersonelle Risiken einzugehen. Dass man nicht bestraft oder gedemütigt wird, wenn man Ideen, Fragen, Bedenken oder Fehler anspricht.« Begriff und Definition wurden vor über 20 Jahren geprägt von Amy Edmondson, Professorin für Leadership und Management an der Harvard Business School, in ihrer Grundlagenarbeit »Psychological Safety and Learning Behavior in Work Teams«.

Mehr zu Amy Edmondsons Arbeit: Vertiefung, Vertrauen und psychologische Sicherheit, siehe S. 280

3.1 Der Teamvertrag

Legen Sie fest, wie wir zusammenarbeiten, welche Prinzipien jeder kennen muss und welche Verhaltensweisen zu beachten sind.

3.2 Der Faktenfinder

Stellen Sie gute Fragen, um die Teamkommunikation zu verbessern, fragen Sie wie ein Profi, um Wahrnehmungsunterschiede zu verringern.

3.3 Die Respektkarte

Tipps, um anderen Wertschätzung zu zeigen.

3.4 Der Leitfaden für gewaltfreie Bitten

Sprechen Sie unterschwellige Konflikte an und gehen Sie konstruktiv mit Unstimmigkeiten um.

3.1
Der Teamvertrag

Legen Sie das Teamverhalten und den Umgang miteinander fest.

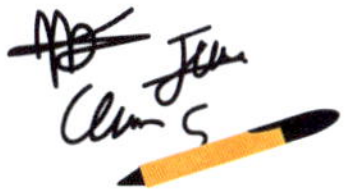

Sollten wir nicht ein paar Regeln haben?

Einige Teammitglieder kommen vielleicht ständig zu spät …

… oder kritisieren die Arbeit anderer, ohne Alternativen vorzuschlagen.

Unausgesprochene Ressentiments und Frustrationen können sich aufstauen und dann in unnötigen Konflikten entladen.

Der Teamvertrag hilft, die Spielregeln festzulegen.

Der Teamvertrag

An welche Regeln und Verhaltensweisen wollen wir uns in unserem Team halten?

Der Teamvertrag ist ein einfaches Plakat, das zur Aushandlung und Festlegung von Teamverhaltensweisen und Regeln dient, sowohl im Allgemeinen als auch vorübergehend. Folgende Maßnahmen erhöhen die psychologische Sicherheit und mindern potenzielle Konflikte:

- Die Koordination von Beziehungen mit angemessenem und unangemessenem Verhalten, wobei die Teamwerte zum Ausdruck gebracht werden.
- Das Schaffen einer kulturellen Grundlage, um unter harmonischen Bedingungen zu arbeiten.
- Das Erlauben legitimer Maßnahmen im Falle der Nichteinhaltung.
- Das Verhindern eines Gefühls von Ungleichheit und Ungerechtigkeit innerhalb des Teams.

Das Plakat arbeitet mit zwei Trigger-Fragen, anhand deren die Teilnehmer bestimmen können, was akzeptiert wird und was nicht:

1. An welche Regeln und Verhaltensweisen wollen wir uns in unserem Team halten?
2. Bevorzugen wir als Individuen bestimmte Vorgehensweisen bei der Arbeit?

Dazu gehören Themen wie Teamverhalten und Werte, Regeln der Entscheidungsfindung, Koordination und Kommunikation oder Erwartungen im Falle des Misserfolgs. Weil erwartete Verhaltensweisen im Vorfeld geklärt werden, bietet der Teamvertrag einen großen Ertrag bei einer geringen Zeitinvestition.

Der Teamvertrag

macht Werte deutlich – gemeinsame Ideen, Prinzipien und Überzeugungen als greifbare Verhaltensweisen
legt die Spielregeln fest – klare Erwartungen durch faire Prozesse
minimiert das Konfliktpotenzial – Vermeidung unnötiger Konflikte und Referenzpunkt für den Fall der Nichteinhaltung

Vertiefung
Um mehr über den wissenschaftlichen Hintergrund des Teamvertrags zu erfahren, lesen Sie bitte:

- Gegenseitiges Verständnis und gemeinsame Basis (in der Psycholinguistik), S. 272
- Beziehungstypen (in der evolutionären Anthropologie), S. 288
- Vertrauen und psychologische Sicherheit (in der Psychologie), S. 280

Nicht akzeptiert
Die Verhaltensweisen, die das Team vermeiden will.

Akzeptiert
Die Regeln und Verhaltensweisen, an die das Team sich halten will.

Der Teamvertrag: Was ist (für gewöhnlich) akzeptabel und was nicht?

Teamverträge sind für jedes Team einzigartig. Rechnen Sie mit einer Vielfalt von Antworten, denn die Trigger-Fragen fordern die Teammitglieder auf, sich zu den verschiedensten Themen zu positionieren:

- Einstellung und Verhaltensweisen
- Entscheidungsfindung (Prioritätenmanagement, Führung, Zuständigkeiten)
- Kommunikation (insbesondere bei Meetings)
- Nutzung gemeinsamer Tools und Methoden
- Uneinigkeit und Konfliktmanagement
- Beziehungen zu anderen Teams und Abteilungen und so weiter

Das Team kann auch Belohnungen im Erfolgsfall oder die Sanktionen im Falle der Nichteinhaltung ausarbeiten.

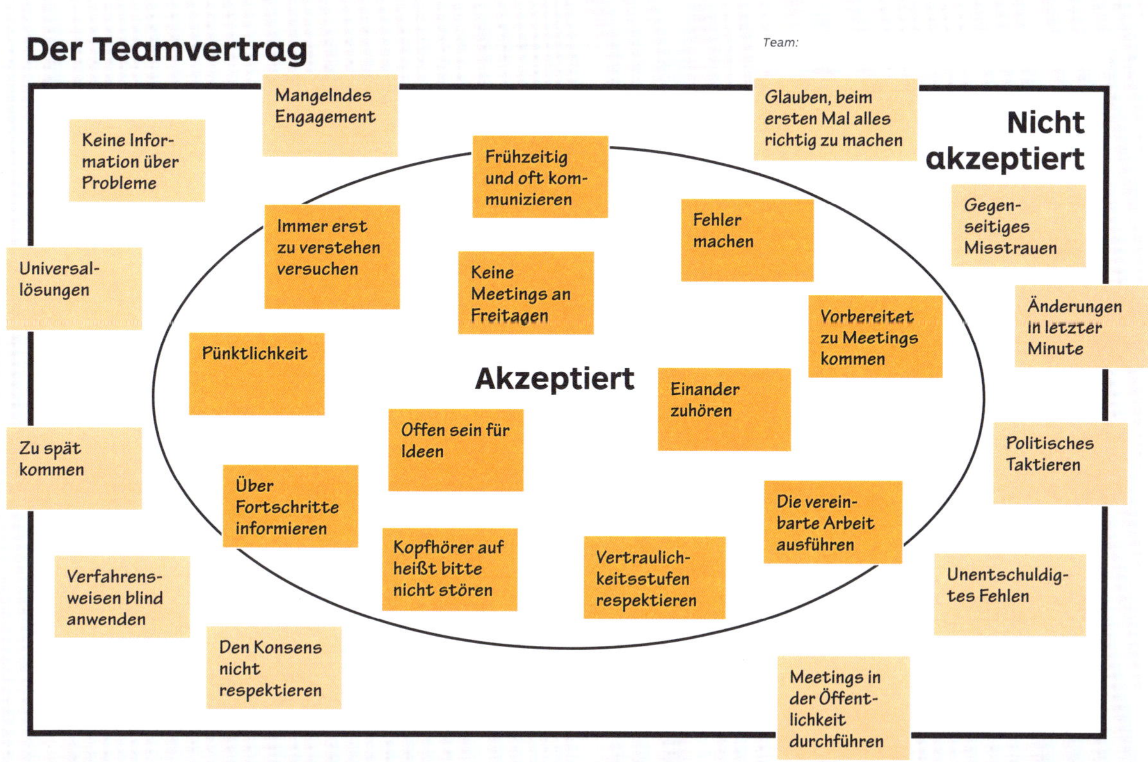
Der Teamvertrag
Team:
Nicht akzeptiert
Akzeptiert
Mangelndes Engagement
Keine Information über Probleme
Glauben, beim ersten Mal alles richtig zu machen
Gegenseitiges Misstrauen
Universallösungen
Änderungen in letzter Minute
Zu spät kommen
Politisches Taktieren
Verfahrensweisen blind anwenden
Unentschuldigtes Fehlen
Den Konsens nicht respektieren
Meetings in der Öffentlichkeit durchführen
Frühzeitig und oft kommunizieren
Immer erst zu verstehen versuchen
Fehler machen
Keine Meetings an Freitagen
Vorbereitet zu Meetings kommen
Pünktlichkeit
Einander zuhören
Offen sein für Ideen
Über Fortschritte informieren
Die vereinbarte Arbeit ausführen
Kopfhörer auf heißt bitte nicht stören
Vertraulichkeitsstufen respektieren

Lockere versus strenge Vereinbarung

Der Teamvertrag ist ein lockeres Tool, um Teamvereinbarungen zu bestimmen; er verpflichtet das Team moralisch und nicht rechtlich. Später kann er zu umfassenderen formalen und rechtlich bindenden Dokumenten ausgearbeitet werden.

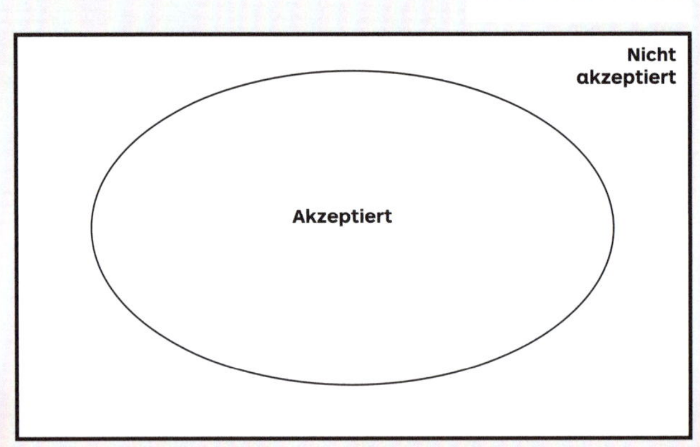

Locker

Moralisch verpflichtend

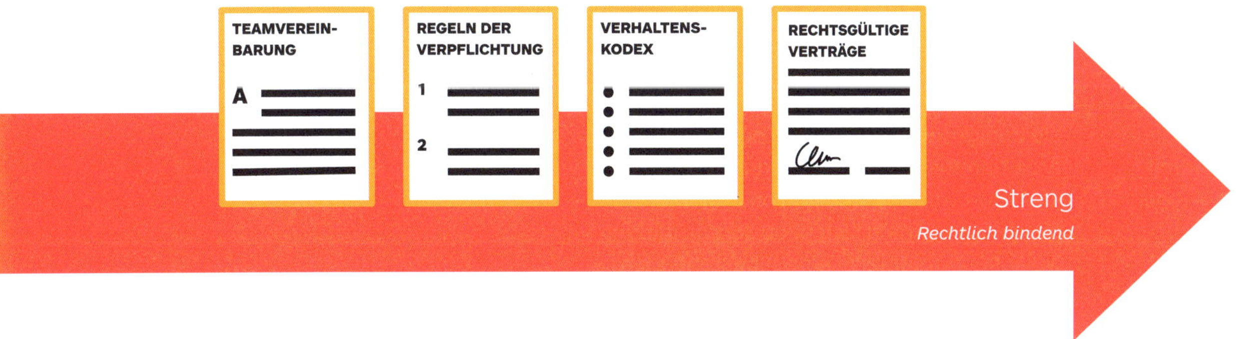

All diese Dokumente sind formale Vereinbarungen zwischen Projektbeteiligten in verschiedenen Kontexten. *Konventionen sind wiederkehrende Verhaltensweisen, die in wiederkehrenden Situationen erwartet werden.*

Anwendung

Schritte

Versammeln Sie alle Teammitglieder oder alle wichtigen Projektbeteiligten. Hängen Sie ein Plakat mit dem Teamvertrag an die Wand.

1. Rahmen: Teilen Sie das Projekt und den Zeitraum mit.
2. Vorbereiten: Bitten Sie jedes Teammitglied, individuell auf die beiden Trigger-Fragen zu antworten im Hinblick auf Akzeptiertes und nicht Akzeptiertes (5 Minuten).
3. Mitteilen: Lassen Sie jeden Teilnehmer 3 Minuten lang seine Antworten auf dem Poster präsentieren und mitteilen.
4. Konsolidieren: Eröffnen Sie eine Teamdiskussion, um auf alle Inhalte zu reagieren, sie anzupassen und zu konsolidieren (etwa 20 Minuten).
5. Validieren: Schließen Sie das Meeting, wenn die Teilnehmer sich über den Teamvertrag geeinigt haben.

Wann?

Wie rechts dargestellt, koordiniert die TAM die Beiträge aller auf regelmäßiger Basis und erfordert für gewöhnlich häufige Aktualisierungen, um Änderungen zu reflektieren, während die Arbeit weitergeführt wird. Der Teamvertrag ermöglicht Vereinbarungen, die den gesamten Zeitraum der Zusammenarbeit umfassen. Teamverträge werden im Allgemeinen zu Beginn von Projekten geschlossen, wenn sich neue Teams bilden, wenn neue Talente zu einem bestehenden Team hinzukommen oder wenn radikale Veränderungen es notwendig machen, dass das Team seine Vorgehensweise umstellt.

Kurzfristige Vereinbarungen werden regelmäßig mit der TAM getroffen

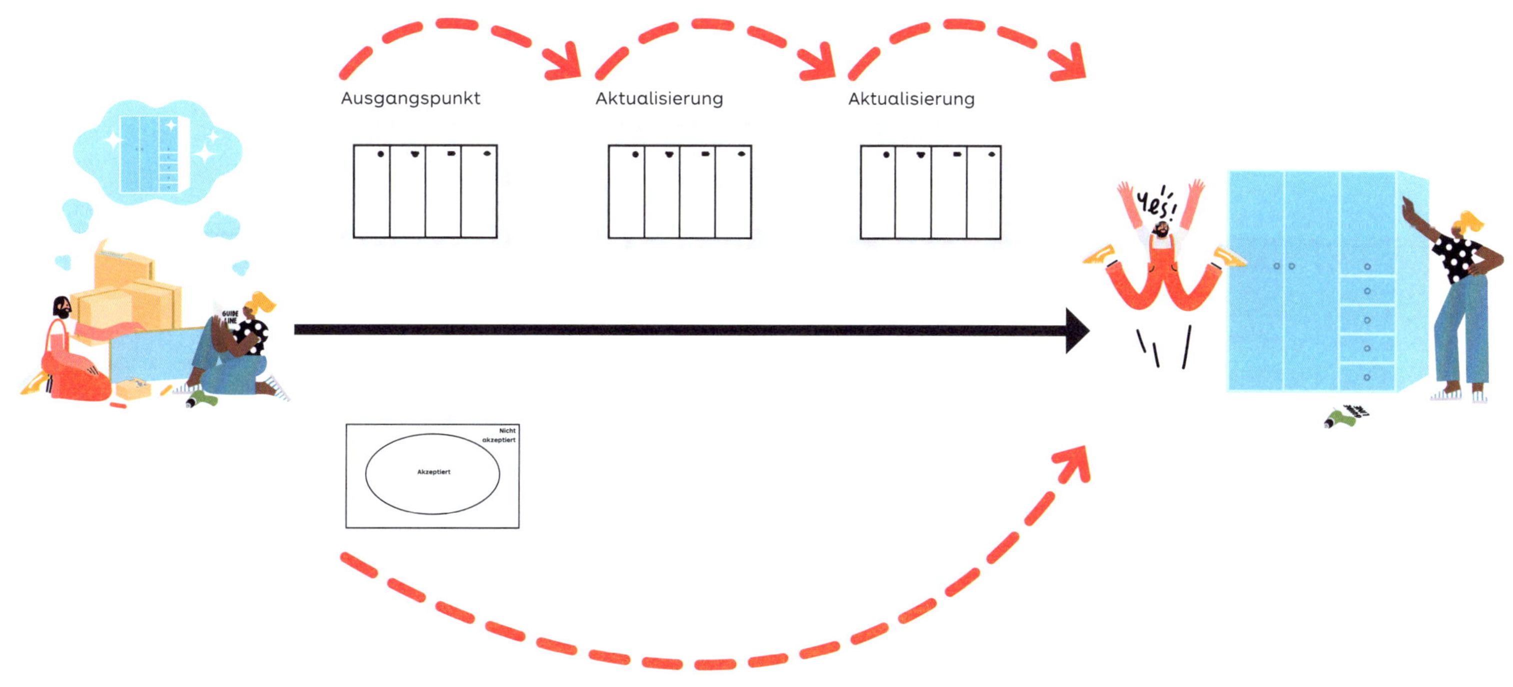

Langfristige Vereinbarungen werden mit dem Teamvertrag formal geregelt

Ein guter Begleiter für die Team Alignment Map (TAM)

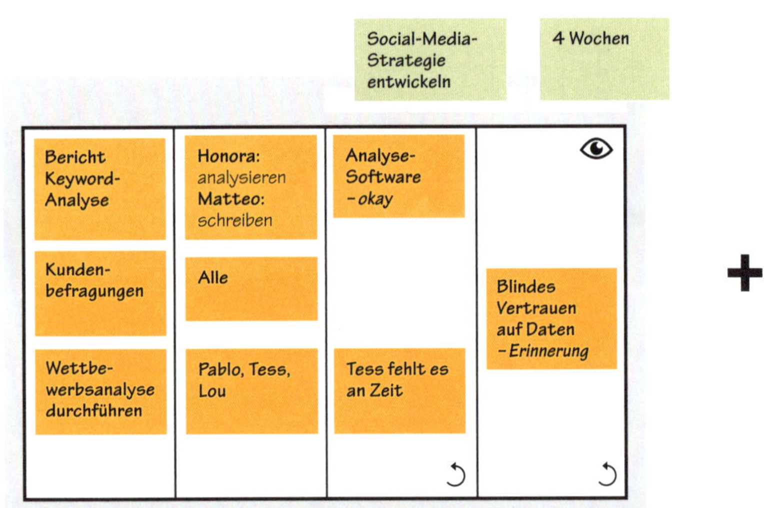

+

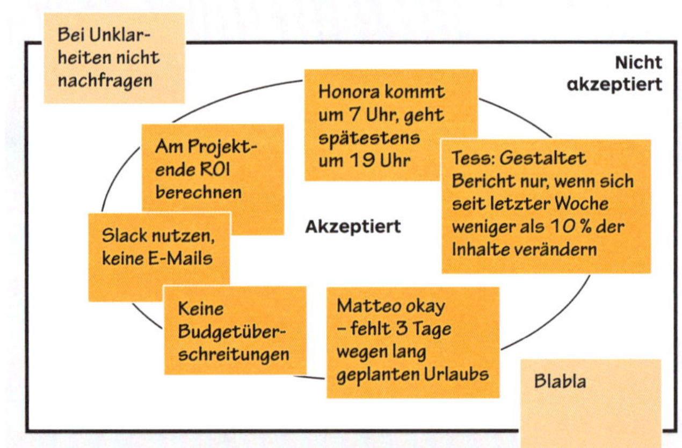

=

Mehr Koordination + mehr psychologische Sicherheit im Team

Im Falle der Nichteinhaltung

Verstöße gegen den Teamvertrag
Wenn einem Teamvertrag zuwidergehandelt wurde, muss unangemessenem Verhalten entgegengetreten werden. Das Vermeiden der Konfrontation verstärkt die Ressentiments bei Mitgliedern, die sich an die Regeln halten, und kann sich auf die Arbeit sowie auf die Beziehungen des gesamten Teams auswirken. Als Faustregel verringert diese Vorgehensweise in drei Schritten das Unbehagen bei solchen (manchmal schwierigen) Gesprächen:

1. Erläutern Sie das Problem faktenorientiert und nehmen Sie Bezug auf den Teamvertrag.
2. Hören Sie sich aufmerksam alle Standpunkte an.
3. Suchen Sie mit allen beteiligten Parteien nach einer passenden Lösung.

Die Problemlösung wird deutlich erleichtert, wenn die Verhaltensweisen im Vorfeld durch den Teamvertrag benannt wurden. Er bietet einen Referenzpunkt, eine legitime Basis für die Umwandlung des Problems in eine Lernchance.

Entscheidende Verstöße sanktionieren
Es gibt Verhaltensweisen, die das gesamte Team und die Organisation gefährden, und die produktivste Reaktion darauf kann die Entlassung des Regelbrechers sein. Wie Amy Edmondson schrieb: »Psychologische Sicherheit wird durch faire, überlegte Reaktionen auf potenziell gefährliches, schädliches oder nachlässiges Verhalten eher verstärkt als beschädigt« (Edmondson, 2018).

Ein explizites Ansprechen im Vorfeld macht es leichter, Verhaltensprobleme in Lernchancen zu verwandeln.

Wenn die Regeln explizit und klar sind, hat jeder die Chance, fair zu spielen. Das Eintreten gegen unangemessenes Verhalten wird als legitim wahrgenommen.

Ohne explizite Regeln kann das Eintreten gegen Mogler als unfair wahrgenommen werden und Rachewünsche auslösen.

Beugen Sie Vertragsverletzungen proaktiv vor

Disziplinarische Maßnahmen bei Verstößen gegen den Teamvertrag haben Vor- und Nachteile.

Vorteile: Die Sache ist transparent; jeder ist informiert und sich der Konsequenzen im Falle von Verstößen bewusst.

Nachteile: Die Sichtbarkeit drohender Sanktionen kann als negativ wahrgenommen werden, das Vertrauen untergraben und sich von Anfang an auf die Zusammenarbeit auswirken. Denken Sie an das Ehevertrag-Paradox in der Psychologie (Fisk und Tetlock 1997; Pinker 2008): Verlobte denken im Zusammenhang mit ihrer bevorstehenden Ehe nicht gern über eine mögliche Scheidung nach. Die meisten Paare meiden Eheverträge aus gutem Grund: Allein die Diskussion von Ahndungen macht es wahrscheinlicher, dass sie benötigt werden, und das zerstört die Atmosphäre.

Empfehlenswert: Es ist diplomatischer, sich auf den Prozess zu einigen; beispielsweise indem das Team je nach Sachlage mit Verstößen umgeht.

Suchbegriffe: schwierige Gespräche; Konfliktlösungstechniken; Disziplinarmaßnahmen Personalwesen

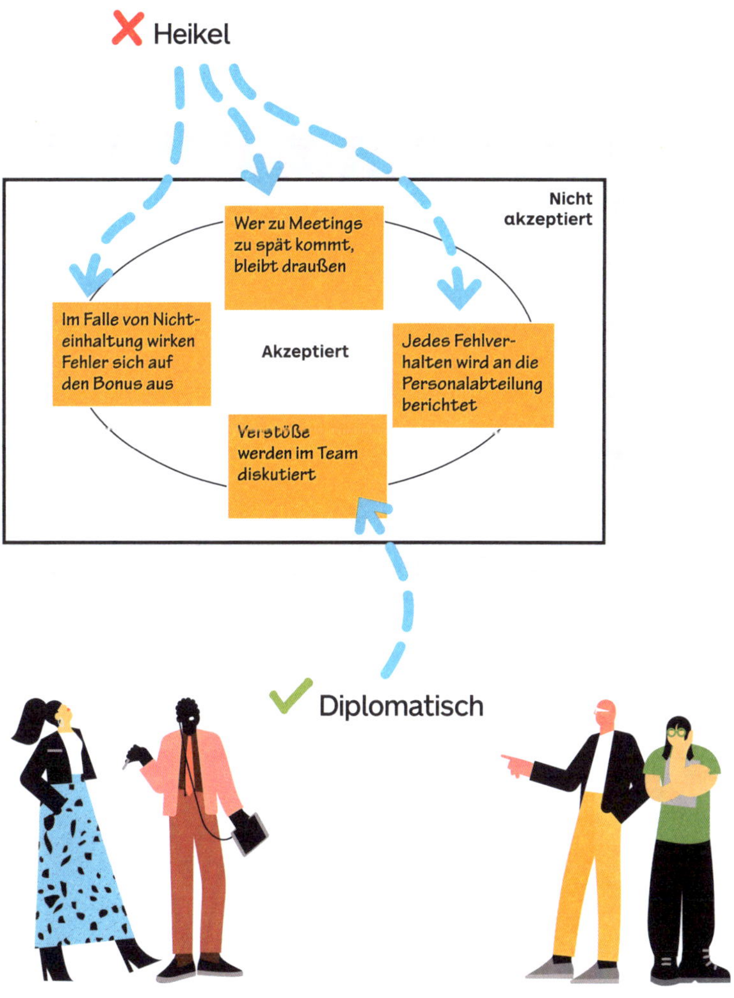

Das Framing von Misserfolgen durch den Teamvertrag

Ob ein Team in einem Innovationslabor arbeitet oder bei der Flughafensicherung – verschiedene Arbeitsfelder erfordern verschiedene Ansätze für den Umgang mit Misserfolgen. Amy Edmondson (2018) schlägt Möglichkeiten für das passende Einordnen von Misserfolgen in drei verschiedenen Kontexten vor:

1. umfangreiche repetitive Arbeit,
2. komplexe Vorgänge und
3. Innovation und Forschung.

Jeder Kontext hat seine eigenen unterschiedlichen Anforderungen an das Fehlermanagement. Die Tabelle rechts zeigt Beispiele für jeden Kontext.

	Umfangreiche repetitive Arbeit	Komplexe Vorgänge	Innovation und Forschung
Kontext	• Fließband-Fabriken • Fast-Food-Restaurants • Logistik etc.	• Krankenhäuser • Finanzinstitute • Öffentlicher Dienst etc.	• Einen Film machen • Neue Energiequellen entwickeln • Neues Produktdesign etc.
Konstruktive Einstellung gegenüber Misserfolgen	**Vermeidbare Fehler minimieren** Verursacht durch Abweichungen von bekannten Prozessen aufgrund mangelnder Fertigkeiten, fehlender Aufmerksamkeit oder Fehlverhalten.	**Komplexe Fehler analysieren und beheben** Verursacht durch unerwartete Ereignisse, komplexe Systemstörungen etc.	**Intelligente Fehler feiern** Verursacht durch Ungewissheit, Experimente und das Eingehen von Risiken
Beispiele für Erwartungen	Alle neu eingestellten Mitarbeiter schulen Maximal ein fehlerhaftes Ergebnis pro Tag akzeptiert	Wöchentliche Risiko-Assessment-Meetings Einsatzzentrale und Task Force für jede Systemstörung	Monatliche Misserfolgsparty mit Preisverleihung Bei jedem gescheiterten Experiment Gestaltung überarbeiten

Nach Amy Edmondson (2018).

3.2 Der Faktenfinder

Stellen Sie gute Fragen, um die Teamkommunikation zu verbessern.

Wenden Sie globale Umformungsstrategien an!
Inkubieren Sie drahtlose Transparenz und Plattformen!

Manchmal ist es schwierig, andere Teammitglieder zu verstehen und ihrer Logik zu folgen.

Der Faktenfinder bringt Klarheit in Gespräche.

Klarheit schaffen mit dem Faktenfinder

Der Faktenfinder schlägt Fragen vor, die Klarheit in Gespräche bringen. Die Fragen geben anderen die Chance, ihre Gedanken noch einmal präziser zu formulieren und sich verständlich zu machen.

Vertiefung
Um den wissenschaftlichen Hintergrund des Faktenfinders zu ergründen, lesen Sie bitte:

- Gegenseitiges Verständnis und gemeinsame Basis (in der Psycholinguistik), S. 272
- Vertrauen und psychologische Sicherheit (in der Psychologie), S. 280

Das Tool funktioniert nach einem einfachen Prinzip: Auf konkreten Fakten basierende Dialoge sind besser als auf Annahmen basierende Dialoge. Das Führen eines solchen Dialogs braucht Übung, denn wir neigen dazu, Informationen wegzulassen oder zu verzerren. Diese Verzerrung ist eine unmittelbare Konsequenz unseres dreistufigen Sinnherstellungs-Prozesses (Kourilsky 2014):

1. Wahrnehmung: Wir beginnen, indem wir eine Situation wahrnehmen oder eine Erfahrung machen.
2. Interpretation: Wir weisen der Situation eine Interpretation oder eine Bedeutung zu oder bauen eine Hypothese auf.
3. Evaluation: Was wir am Ende über die wahrgenommene Situation mitteilen, ist eine Evaluation, ein Urteil oder sogar eine Regel, die wir abgeleitet haben.

Das Durcheinanderbringen dieser drei Ebenen führt uns direkt in eine (oder mehrere) der fünf folgenden Kommunikationsfallen:

1. Unklare Fakten oder Erfahrungen: die Abwesenheit von wichtigen Informationen in der Beschreibung.
2. Verallgemeinerungen: wenn wir einen Einzelfall zum Universalgesetz erheben.
3. Annahmen: kreative Interpretationen einer Erfahrung oder einer Situation.
4. Beschränkungen: imaginäre Einschränkungen und Verpflichtungen, die den Optionsspielraum verringern.
5. Urteile: subjektive Einschätzungen eines Sachverhalts, einer Situation oder einer Person.

Diese Fallen zeigen den Unterschied zwischen dem, was Psychologen als Realität erster Ordnung und Realitäten zweiter Ordnung bezeichnen:
Eine Realität erster Ordnung besteht aus dem physisch – durch unsere fünf Sinne – Wahrnehmbaren. Realitäten zweiter Ordnung sind persönliche Interpretationen einer Realität erster Ordnung (Beurteilungen, Hypothesen, Annahmen etc.).

Zum Beispiel kann Anne sagen: »Ich bin hungrig« (faktische Kommunikation, Realität erster Ordnung), oder sie kann lautstark verkünden: »Wir essen immer zu spät«, was eine Beurteilung ist (Realität zweiter Ordnung), um auszudrücken, dass sie hungrig ist. Die zweite Aussage erzeugt Kommunikationsprobleme, die zu Konflikten, Blockaden und Sackgassen führen können (Kourilsky 2014). Diese werden am deutlichsten sichtbar, wenn wir zu streiten beginnen.
Indem der Faktenfinder die Fakten hinter uneindeutigen Aussagen zweiter Ordnung zu verstehen hilft, macht er den Dialog produktiver und effizienter.

Hierbei hilft der Faktenfinder:

Fragen stellen wie ein Profi – häufige Sprachfallen erkennen und vermeiden.
Bessere Informationen und Entscheidungen – das Gesagte verdeutlichen: sowohl was andere sagen als auch was Sie sagen.
Aufwand verringern – kürzere und effizientere Dialoge führen.

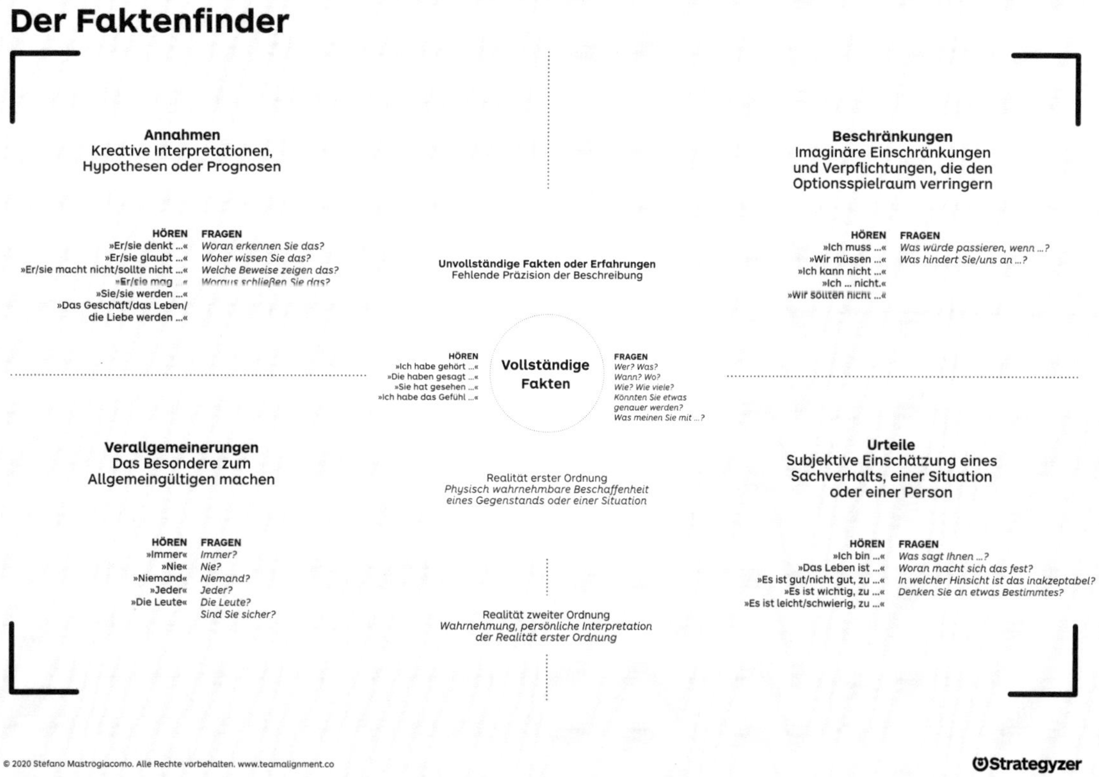

Der Faktenfinder

Annahmen
Kreative Interpretationen,
Hypothesen oder Prognosen

HÖREN	FRAGEN
»Er/sie denkt …«	*Woran erkennen Sie das?*
»Er/sie glaubt …«	*Woher wissen Sie das?*
»Er/sie macht nicht/sollte nicht …«	*Welche Beweise zeigen das?*
»Er/sie mag …«	*Woraus schließen Sie das?*
»Sie/sie werden …«	
»Das Geschäft/das Leben/ die Liebe werden …«	

Beschränkungen
Imaginäre Einschränkungen
und Verpflichtungen, die den
Optionsspielraum verringern

HÖREN	FRAGEN
»Ich muss …«	*Was würde passieren, wenn …?*
»Wir müssen …«	*Was hindert Sie/uns an …?*
»Ich kann nicht …«	
»Ich … nicht.«	
»Wir sollten nicht …«	

Unvollständige Fakten oder Erfahrungen
Fehlende Präzision der Beschreibung

Vollständige Fakten

HÖREN	FRAGEN
»Ich habe gehört …«	*Wer? Was?*
»Die haben gesagt …«	*Wann? Wo?*
»Sie hat gesehen …«	*Wie? Wie viele?*
»Ich habe das Gefühl …«	*Könnten Sie etwas genauer werden?*
	Was meinen Sie mit …?

Realität erster Ordnung
Physisch wahrnehmbare Beschaffenheit eines Gegenstands oder einer Situation

Verallgemeinerungen
Das Besondere zum
Allgemeingültigen machen

HÖREN	FRAGEN
»Immer«	*Immer?*
»Nie«	*Nie?*
»Niemand«	*Niemand?*
»Jeder«	*Jeder?*
»Die Leute«	*Die Leute?*
	Sind Sie sicher?

Urteile
Subjektive Einschätzung eines
Sachverhalts, einer Situation
oder einer Person

HÖREN	FRAGEN
»Ich bin …«	*Was sagt Ihnen …?*
»Das Leben ist …«	*Woran macht sich das fest?*
»Es ist gut/nicht gut, zu …«	*In welcher Hinsicht ist das inakzeptabel?*
»Es ist wichtig, zu …«	*Denken Sie an etwas Bestimmtes?*
»Es ist leicht/schwierig, zu …«	

Realität zweiter Ordnung
Wahrnehmung, persönliche Interpretation der Realität erster Ordnung

Strategyzer

Darstellung der fünf Kommunikations-fallen

1
Originalsituation
Ivan sieht jemanden in einem Fast-Food-Restaurant drei Burger essen.

Er kann faktisch auf seine Erfahrung Bezug nehmen.

»Gestern habe ich jemanden in einem Fast-Food-Restaurant drei Burger essen sehen.«

3
Klärungsfragen
Klärungsfragen helfen, die Fakten und Erfahrungen (Realität erster Ordnung) hinter den persönlichen Interpretationen (Realitäten zweiter Ordnung) zu verstehen. Dadurch bewegt sich das Gespräch von der Mehrdeutigkeit und Schwammigkeit des Graubereichs zur Klarheit von Fakten, das heißt zum zentralen weißen Bereich.

2

Kommunikationsfallen

Ivan kann auch in eine dieser Fallen tappen, wenn er auf sein Erlebnis Bezug nimmt.

Annahmen

»Gestern habe ich jemanden gesehen, der schon seit zwei Wochen nichts mehr gegessen hatte!«

Verallgemeinerungen

»Die Leute essen echt viel.«

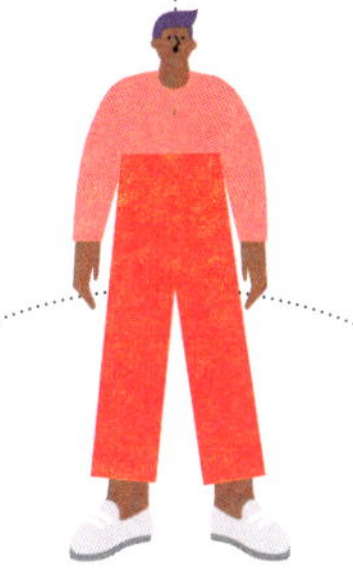

Unvollständige Fakten oder Erfahrungen

»Gestern habe ich jemanden essen sehen.«

Beschränkungen

»Burger sollten verboten werden.«

Urteile

»Drei Burger zu essen ist nicht in Ordnung.«

In der Praxis

Die Anwendung des Faktenfinders erfolgt in zwei Schritten:

1. Hören: Identifizieren Sie die Falle: Hören Sie eine Annahme, eine Beschränkung, eine Verallgemeinerung, ein Urteil oder unvollständige Fakten?
2. Fragen: Verwenden Sie eine der vorgeschlagenen Klärungsfragen, um das Gespräch wieder zu zentrieren, also zu den vollständigen Fakten und Erfahrungen zurückzuführen.

Klärungsfragen sind neutral – sie enthalten keine Form einer Bewertung – und offen – sie zielen nicht auf geschlossene binäre Antworten (ja/nein) ab.

Unvollständige Fakten oder Erfahrungen klären

Fragen helfen, die Fakten näher zu spezifizieren.

Hören	Fragen
»Ich habe gehört ...« »Die haben gesagt ...» »Sie hat gesehen ...« »Ich habe den Eindruck ...»	Wer? Was? Wann? Wo? Wie? Wie viele? Könnten Sie etwas genauer werden? Was meinen Sie mit ...?

Annahmen klären

Fragen helfen, die kausalen Verknüpfungen zu entwirren.

Hören	Fragen
»Er/sie denkt ...« »Er/sie glaubt ...« »Er/sie macht nicht/sollte nicht ...« »Er/sie mag ...« »Sie/sie werden ...« »Das Geschäft/das Leben/die Liebe werden ...«	Woran erkennen Sie das? Woher wissen Sie das? Welche Beweise zeigen das? Was lässt Sie das annehmen?

Beschränkungen klären

Fragen, die helfen, die Ursachen oder die Folgen der Überzeugung zu identifizieren.

Hören	**Fragen**
»Ich muss …«	Was würde passieren, wenn …?
»Wir müssen«	Was hindert Sie/uns an …?
»Ich kann nicht …«	
»Ich … nicht.«	
»Wir sollten nicht …«	

Ich kann das nicht. So haben wir hier noch nie gearbeitet. Das ist nicht unsere Art.

Klar, und wenn Sie es trotzdem täten, was würde dann passieren?

Verallgemeinerungen klären

Fragen, die helfen, ein Gegenbeispiel zu finden.

Hören	**Fragen**
»Immer«	Immer?
»Nie«	Nie?
»Niemand«	Niemand?
»Jeder«	Jeder?
»Die Leute«	Die Leute?
	Sind Sie sicher?

Die Risiken sind so hoch, alle sind völlig demotiviert.

Alle?

Urteile klären

Fragen, die helfen, die Bewertungskriterien hinter dem Urteil aufzudecken.

Hören	**Fragen**
»Ich bin …«	Was sagt Ihnen …?
»Das Leben ist …«	Woran macht sich das fest?
»Es ist gut/nicht gut, zu …«	In welcher Hinsicht ist das inakzeptabel?
»Es ist wichtig, zu …«	Denken Sie an etwas Bestimmtes?
»Es ist leicht/schwierig, zu …«	

Es ist wichtig, dass wir zuerst meine Ziele erreichen.

Nun, woraus schließen Sie das?

Zusammenfassung

Kommunikationsfallen
Klärungsfragen helfen ...

Unvollständige Fakten oder Erfahrungen
Mangelnde Präzision bei der Beschreibung.
Spezifizieren Sie die Fakten näher.

Annahmen
Kreative Interpretationen, Hypothesen oder Prognosen.
Entwirren Sie die kausalen Verknüpfungen.

Verallgemeinerungen
Das Besondere zum Allgemeingültigen machen.
Entdecken Sie ein Gegenbeispiel.

Beschränkungen
Imaginäre Einschränkungen und Verpflichtungen, die den Optionsspielraum verringern.
Identifizieren Sie die Ursache oder die Folgen der Überzeugung.

Urteile
Subjektive Einschätzung eines Sachverhalts, einer Situation oder einer Person.
Decken Sie die Bewertungskriterien auf.

Ursprünge des Faktenfinders
Der Faktenfinder hat seine Wurzeln in der Neurolinguistischen Programmierung (NLP), einem therapeutischen Kommunikationskonzept, das von John Grinder und Richard Bandler entwickelt wurde. Sie bezeichneten ihr System als »Metamodell«. Die Anwendung des Metamodells erwies sich als ziemlich anspruchsvoll und veranlasste den Coach Alain Cayrol, eine besser handhabbare Version zu entwickeln, die er als Sprachkompass bezeichnete. Der Sprachkompass wurde im Folgenden von Françoise Kourilsky optimiert und erweitert, einem französischen Psychologen, der die Gestaltung des Faktenfinders inspirierte.

Suchbegriffe: NLP, Metamodell, wirksame Fragen, klare Fragen

Der Faktenfinder

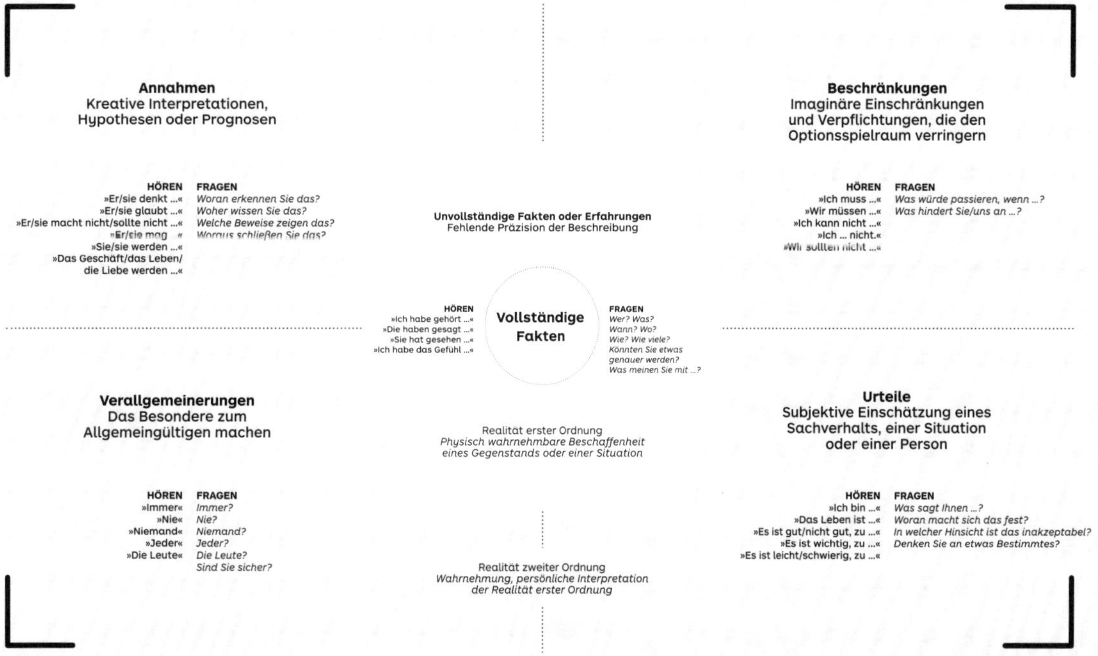

Annahmen
Kreative Interpretationen, Hypothesen oder Prognosen

HÖREN	FRAGEN
»Er/sie denkt …«	*Woran erkennen Sie das?*
»Er/sie glaubt …«	*Woher wissen Sie das?*
»Er/sie macht nicht/sollte nicht …«	*Welche Beweise zeigen das?*
»Er/sie mag …«	*Woraus schließen Sie das?*
»Sie/sie werden …«	
»Das Geschäft/das Leben/die Liebe werden …«	

Beschränkungen
Imaginäre Einschränkungen und Verpflichtungen, die den Optionsspielraum verringern

HÖREN	FRAGEN
»Ich muss …«	*Was würde passieren, wenn …?*
»Wir müssen …«	*Was hindert Sie/uns an …?*
»Ich kann nicht …«	
»Ich … nicht.«	
»Wir sollten nicht …«	

Unvollständige Fakten oder Erfahrungen
Fehlende Präzision der Beschreibung

Vollständige Fakten

HÖREN	FRAGEN
»Ich habe gehört …«	*Wer? Was?*
»Die haben gesagt …«	*Wann? Wo?*
»Sie hat gesehen …«	*Wie? Wie viele?*
»Ich habe das Gefühl …«	*Könnten Sie etwas genauer werden?*
	Was meinen Sie mit …?

Verallgemeinerungen
Das Besondere zum Allgemeingültigen machen

HÖREN	FRAGEN
»Immer«	*Immer?*
»Nie«	*Nie?*
»Niemand«	*Niemand?*
»Jeder«	*Jeder?*
»Die Leute«	*Die Leute?*
	Sind Sie sicher?

Realität erster Ordnung
Physisch wahrnehmbare Beschaffenheit eines Gegenstands oder einer Situation

Urteile
Subjektive Einschätzung eines Sachverhalts, einer Situation oder einer Person

HÖREN	FRAGEN
»Ich bin …«	*Was sagt Ihnen …?*
»Das Leben ist …«	*Woran macht sich das fest?*
»Es ist gut/nicht gut, zu …«	*In welcher Hinsicht ist das inakzeptabel?*
»Es ist wichtig, zu …«	*Denken Sie an etwas Bestimmtes?*
»Es ist leicht/schwierig, zu …«	

Realität zweiter Ordnung
Wahrnehmung, persönliche Interpretation der Realität erster Ordnung

Strategyzer

Profi-Tipps

Passen Sie die Klärungsfragen an
Passen Sie die Formulierung dem Kontext und der Situation an, damit Sie nicht als Roboter wahrgenommen werden. Der Faktenfinder weist Fragen auf, die dem Gespräch eine unnatürliche Wendung geben könnten.

Falsch
Fragen wie vorgegeben wiederholen

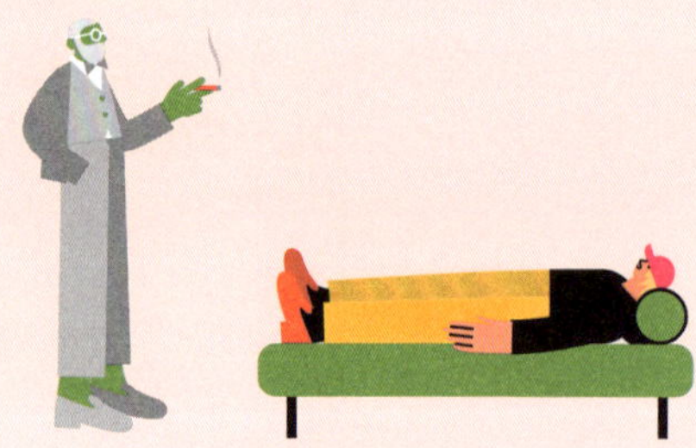

Richtig
Anpassen an den Kontext und die Situation

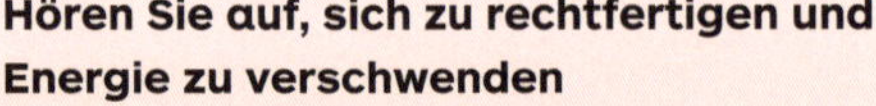

Hören Sie auf, sich zu rechtfertigen und Energie zu verschwenden
Hören Sie auf, sich zu rechtfertigen, und stellen Sie eine Klärungsfrage. Wenn Sie sich auf langwierige und erkennbar nicht überzeugende Rechtfertigungen einlassen, ist das ein Zeichen dafür, dass es Zeit für den Faktenfinder ist. Das spart die Energie und die Zeit aller Beteiligten.

Falsch
Energie mit Rechtfertigungen verschwenden

Richtig
Eine Klärungsfrage stellen

Vermeiden Sie geschlossene Fragen
Der Faktenfinder enthält nur offene Fragen. Offene Fragen zielen nicht auf ein bloßes Ja/Nein ab, was anderen dabei hilft, ihre Gedanken weiterzuentwickeln.

Falsch
Geschlossene Fragen sind nicht hilfreich

Richtig
Offene Fragen bieten einen Zugang zu den Gedanken des anderen

Grenzen des Faktenfinders
Eine übermäßige Nutzung des Faktenfinders wird als aufdringlich und irritierend empfunden. Verwenden Sie ihn hauptsächlich dann, wenn Sie ins Schwimmen geraten und es schwierig finden, der Logik des anderen zu folgen.

Falsch
Übermäßige Nutzung des Faktenfinders kann Sie aufdringlich wirken lassen

Richtig
Nutzen Sie ihn hauptsächlich zur Klärung von Botschaften

3.3
Die Respektkarte

Zeigen Sie anderen Wertschätzung, indem Sie sich an die Grundregeln der Freundlichkeit halten.

Doch, doch, ich höre zu.

Fehlender Takt in zwischenmenschlichen Beziehungen erschwert und verlangsamt das Teamwork.

Die Respektkarte bietet Vorschläge, um Wertschätzung für andere auszudrücken und ein respektvolles Klima aufrechtzuerhalten.

Die Respektkarte

Die Respektkarte gibt Tipps, um andere wertzuschätzen und Respekt auszudrücken. Nutzen Sie sie zur Vorbereitung von Meetings oder beim Schreiben von Nachrichten an Menschen,

- die Sie nicht gut kennen,
- mit denen Sie sich weniger vertraut fühlen, zum Beispiel Fremde, entfernte Bekannte, Teamneulinge, Vorgesetzte,
- mit unterschiedlichen kulturellen Hintergründen.

Durch die Anwendung dieser Hinweise demonstrieren wir unsere Fähigkeit, Rücksicht auf die Identität und die Gefühle anderer zu nehmen (Brown 2015) und tragen zu mehr psychologischer Sicherheit und Harmonie in Teams bei.

Das Tool verfügt über zwei Checklisten:

1. Tipps, wie Sie zeigen können, dass Sie andere wertschätzen und sich um Sie kümmern (rechts)
2. Tipps, wie Sie Respekt zu zeigen, indem Sie Ihr Anliegen höflich formulieren und die Wahrscheinlichkeit minimieren, andere zu kränken (links)

Die Respektkarte basiert auf dem Gesichts- und Höflichkeitskonzept; alle Tipps weisen Techniken auf, um den Gesichtsverlust anderer in der Öffentlichkeit zu vermeiden. Der Schwerpunkt liegt auf der Sprache; die Karte zeigt einfache Verhaltensweisen oder gute Umgangsformen, wie zum Beispiel andere nicht zu unterbrechen oder einem Sprechenden zuzuhören.

Zielsetzung der Respektkarte:

Botschaften mit Respekt vermitteln – den Status quo respektvoll hinterfragen.
Andere wertschätzen – durch Rücksicht und Dankbarkeit.
Unbeabsichtigte Fauxpas vermeiden – im Umgang mit Fremden oder in Machtverhältnissen.

Vertiefung
Um mehr über den wissenschaftlichen Hintergrund der Respektkarte zu erfahren, lesen Sie bitte:

- Gesicht und Höflichkeit (in der Psycholinguistik), S. 296
- Vertrauen und psychologische Sicherheit (in der Psychologie), S. 240

Die Respektkarte

Tipps für die taktvolle Kommunikation

Bedürfnis nach Respekt
Respekt zeigen

Fragen statt anordnen
Würden Sie ...?

Zweifel äußern
Ich nehme nicht an, dass Sie ...?

Das Ansinnen abmildern
..., wenn es geht.

Die Unannehmlichkeit anerkennen
Ich weiß, Sie haben viel zu tun, aber ...

Widerstreben andeuten
Ich würde normalerweise nicht fragen, aber ...

Entschuldigen
Es tut mir leid, Sie damit zu belästigen, aber ...

Eine Schuld anerkennen
Ich wäre Ihnen sehr dankbar, wenn Sie ...

Höflichkeitsanreden nutzen
Herr, Frau, Professor, Doktor etc. ...

Indirekt bitten
Ich bräuchte einen Kugelschreiber.

Um Verzeihung bitten
Entschuldigen Sie bitte, aber ...
Könnte ich Ihren Kugelschreiber ausleihen?

Anliegen kleiner machen
Ich wollte nur fragen, ob ich wohl Ihren Kugelschreiber benutzen dürfte.

Die verantwortliche Person in den Plural setzen
Wir haben vergessen, Ihnen mitzuteilen, dass Sie das Flugticket bis gestern hätten buchen müssen.

Zögern
Könnte ich, äh ...?

Unpersönlich machen
Rauchen ist nicht gestattet.

RISKANTES VERHALTEN
Direkte Anweisungen
Unterbrechen
Warnungen aussprechen
Verbieten
Drohen
Vorschläge
Erinnerungen
Ratschläge

Bedürfnis nach Wertschätzung
Anerkennung zeigen

Dank
Ein großes Dankeschön.

Wunsch
Bleiben Sie gesund, haben Sie einen schönen Tag.

Frage
Wie geht es Ihnen? Wie geht's?

Kompliment
Schöner Pullover.

Vorwegnahme
Sie müssen Hunger haben.

Ratschlag
Seien Sie vorsichtig.

Sich beliebt machen
Mein Freund, Kumpel, Kamerad, Gefährte, Liebling, Lieber, Bruder, Junge.

Um Zustimmung werben
Weißt du, was ich meine?

Sich um andere kümmern
Sie müssen Hunger haben, das Frühstück ist ja schon eine ganze Weile her. Wie wäre es mit Mittagessen?

Uneinigkeit vermeiden
A: Schmeckt es Ihnen nicht?
B: Doch, doch, es schmeckt mir, ähm, normalerweise esse ich so etwas nicht, aber es ist lecker.

Einverständnis vorwegnehmen
Also, wann kommen Sie uns mal besuchen?

Meinung abmildern
Vielleicht sollten Sie sich damit wirklich etwas mehr Mühe geben.

RISKANTES VERHALTEN
Beschämen
Missbilligen
Ignorieren
Offen kritisieren
Verächtlich machen, ins Lächerliche ziehen
Nur über sich selbst sprechen
Tabuthemen ansprechen
Beleidigungen, Anschuldigungen, Beschwerden

Strategyzer

Respekt

Verwenden Sie diese »sozialen Bremshebel«, um Fauxpas zu vermeiden und Respekt auszudrücken

Anerkennung

Verwenden Sie diese »sozialen Beschleuniger«, um Wertschätzung auzudrücken.

Die Respektkarte Tipps für die taktvolle Kommunikation

Bedürfnis nach Respekt
Respekt zeigen

Fragen statt anordnen
Würden Sie ...?

Zweifel äußern
Ich nehme nicht an, dass Sie ...?

Das Ansinnen abmildern
..., wenn es geht.

Die Unannehmlichkeit anerkennen
Ich weiß, Sie haben viel zu tun, aber ...

Widerstreben andeuten
Ich würde normalerweise nicht fragen, aber ...

Entschuldigen
Es tut mir leid, Sie damit zu belästigen, aber ...

Eine Schuld anerkennen
Ich wäre Ihnen sehr dankbar, wenn Sie ...

Höflichkeitsanreden nutzen
Herr, Frau, Professor, Doktor etc. ...

Indirekt bitten
Ich bräuchte einen Kugelschreiber.

Um Verzeihung bitten
Entschuldigen Sie bitte, aber ...
Könnte ich Ihren Kugelschreiber ausleihen?

Anliegen kleiner machen
Ich wollte nur fragen, ob ich wohl Ihren Kugelschreiber benutzen dürfte.

Die verantwortliche Person in den Plural setzen
Wir haben vergessen, Ihnen mitzuteilen, dass Sie das Flugticket bis gestern hätten buchen müssen.

Zögern
Könnte ich, äh ...?

Unpersönlich machen
Rauchen ist nicht gestattet.

RISKANTES VERHALTEN
Direkte Anweisungen
Unterbrechen
Warnungen aussprechen
Verbieten
Drohen
Vorschläge
Erinnerungen
Ratschläge

Wie man Respekt ausdrückt

✓

Gesicht gewahrt

Die indirekte Bitte minimiert die Zumutung, die Ziele zu entfernen.

×

Gesicht nicht gewahrt

Die direkte Aufforderung wird als Befehl wahrgenommen; das Team könnte sich angegriffen fühlen.

Wie man andere wertschätzt

✓

Gesicht gewahrt

Die Aufforderung wird vermittelt, indem Anerkennung gezeigt wird.

×

Gesicht nicht gewahrt

Die Aufforderung wird als Kritik oder Urteil präsentiert.

Bedürfnis nach Wertschätzung
Anerkennung zeigen

Dank
Ein großes Dankeschön.

Wunsch
Bleiben Sie gesund, haben Sie einen schönen Tag.

Frage
Wie geht es Ihnen? Wie geht's?

Kompliment
Schöner Pullover.

Vorwegnahme
Sie müssen Hunger haben.

Ratschlag
Seien Sie vorsichtig.

Sich beliebt machen
Mein Freund, Kumpel, Kamerad, Gefährte, Liebling, Lieber, Bruder, Junge.

Um Zustimmung werben
Weißt du, was ich meine?

Sich um andere kümmern
Sie müssen Hunger haben, das Frühstück ist ja schon eine ganze Weile her. Wie wäre es mit Mittagessen?

Uneinigkeit vermeiden
A: Schmeckt es Ihnen nicht?
B: Doch, doch, es schmeckt mir, ähm, normalerweise esse ich so etwas nicht, aber es ist lecker.

Einverständnis vorwegnehmen
Also, wann kommen Sie uns mal besuchen?

Meinung abmildern
Vielleicht sollten Sie sich damit wirklich etwas mehr Mühe geben.

RISKANTES VERHALTEN
Beschämen
Missbilligen
Ignorieren
Offen kritisieren
Verächtlich machen, ins Lächerliche ziehen
Nur über sich selbst sprechen
Tabuthemen ansprechen
Beleidigungen, Anschuldigungen, Beschwerden

Anwendung

Nutzen Sie die Respektkarte, um sich auf mündliche oder schriftliche Kommunikation vorzubereiten.

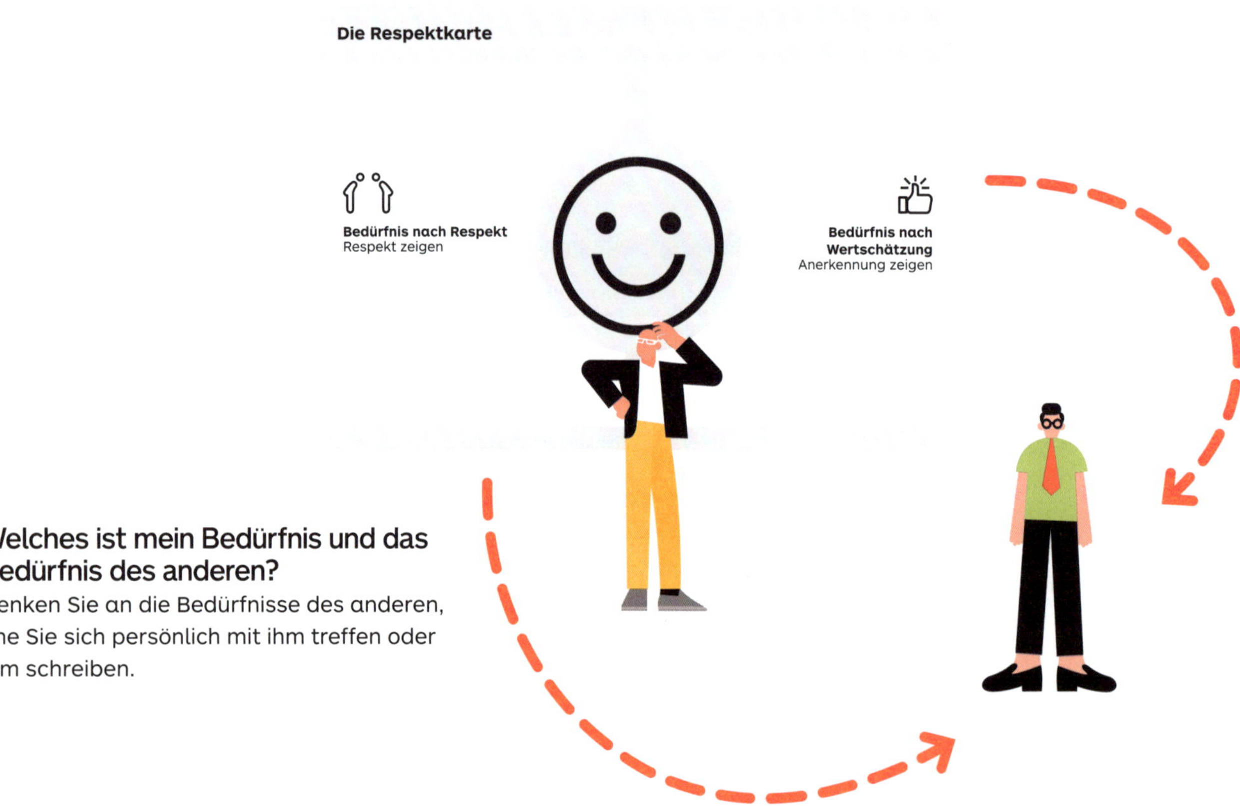

1

Welches ist mein Bedürfnis und das Bedürfnis des anderen?

Denken Sie an die Bedürfnisse des anderen, ehe Sie sich persönlich mit ihm treffen oder ihm schreiben.

Die Respektkarte

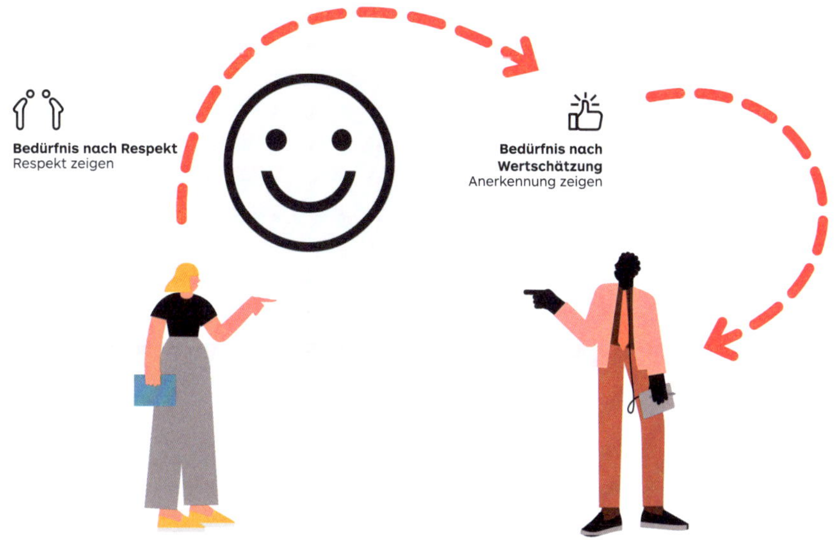

2

Suchen Sie in den beiden Ideen-Checklisten nach Ideen, ehe Sie sprechen oder schreiben

Durchsuchen Sie die Techniken nach Ideen; wählen und verwenden Sie die passendsten.

Profi-Tipps

Höflichkeit hängt von der Situation, dem Kontext und der Kultur ab
Anerkennung erfordert Einsicht. Ein einfaches »Dankeschön« kann zum Beispiel entweder als Höflichkeit oder als Sarkasmus verstanden werden.

Höflichkeit
Danke schön.

Sarkasmus
Danke schön

Besprechen Sie heikle Themen unter vier Augen
Wenn einer der Gesprächspartner befragt werden soll, sollte das Treffen unter vier Augen stattfinden – das ist für alle Beteiligten besser. Öffentliche Beschämung oder Erniedrigung sorgt für Ressentiments und löst Rachewünsche aus.

Unter vier Augen
Ich bin überrascht!

Öffentlich
Ich bin überrascht!

Die Respektkarte ist nicht für jede Situation geeignet

Dringliche Situationen erfordern unmittelbare Anweisungen; höfliche Sprache ist mehrdeutig und ineffizient, um in dringlichen Fällen Koordination herzustellen.

Direkte Aufforderung
Holen Sie den Feuerlöscher!

Indirekte Anfrage
Ich frage mich, ob Sie mir wohl eventuell den Feuerlöscher reichen könnten?

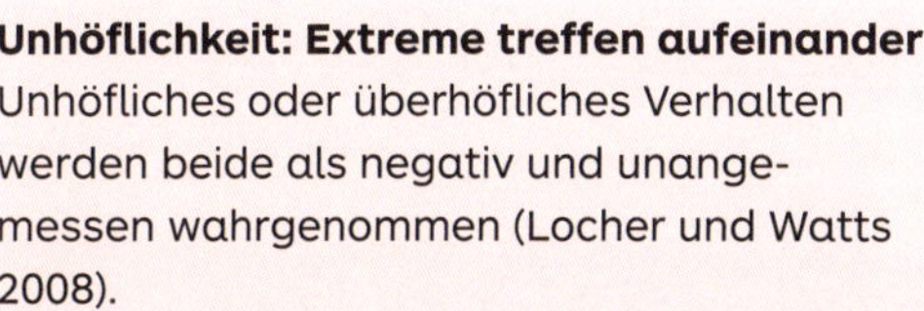

Unhöflichkeit: Extreme treffen aufeinander

Unhöfliches oder überhöfliches Verhalten werden beide als negativ und unangemessen wahrgenommen (Locher und Watts 2008).

Unhöflich
Das ist miserable Arbeit.

Übermäßig höflich
Eure Hoheit, ich wäre Ihnen zu allergrößtem Dank verpflichtet, wenn Sie die Möglichkeit in Betracht ziehen könnten, mir zu vergeben, falls ich Sie um einen klitzekleinen Gefallen bäte.

3.4 Der Leitfaden für gewaltfreie Bitten

Sprechen Sie latente Konflikte an und gehen Sie konstruktiv mit Unstimmigkeiten um.

Wir sind da ganz auf Ihrer Seite.
Gehen Sie und sagen Sie ihm, was falsch läuft!

Falscher Umgang mit Unstimmigkeiten kann Beziehungen schädigen und zu Kosten führen, die nicht wieder einzubringen sind.

Der Leitfaden für gewaltfreie Bitten hilft dabei, konstruktiv mit Konflikten umzugehen.

Der Leitfaden für gewaltfreie Bitten

Der Leitfaden für gewaltfreie Bitten hilft, Unzufriedenheit konstruktiv zu reflektieren und auszudrücken. Der Leitfaden präsentiert eine vereinfachte Version des vom Psychologen Marshall Rosenberg entwickelten Prinzips der Gewaltfreien Kommunikation. Er schreibt dazu: »Wenn wir unsere Bedürfnisse durch die Nutzung von Evaluationen, Interpretationen und Bildern indirekt ausdrücken, hören andere wahrscheinlich Kritik heraus. Und wenn die Menschen irgendetwas hören, das sich nach Kritik anhört, neigen sie dazu, ihre Energie in Verteidigung oder Gegenangriff zu investieren« (Rosenberg 2003).

Durch die Verwendung einer Struktur für urteilsfreie Bitten kann Uneinigkeit ausgedrückt werden, ohne anderen das Gefühl eines persönlichen Angriffs zu vermitteln; das schafft Gelegenheit für einen empathischen Dialog und zur Konfliktlösung.

Gewaltfreie Kommunikation ist ein leistungsstarkes Konzept und eines der zentralen Tools hinter dem Kulturwandel und der Produkterneuerung bei Microsoft. Als Satya Nadella zum Unternehmens-CEO wurde, war eine seiner ersten Handlungen, die oberste Führungsebene zum Lesen von Rosenbergs Buch aufzufordern (McCracken 2017).

Mit dem Leitfaden für gewaltfreie Bitten können Sie:

Uneinigkeit konstruktiv äußern – teilen Sie Ihren Standpunkt ohne Schuldzuweisungen oder Kritik mit.
Konflikte lösen – schaffen Sie einen Win-win-Kontext.
Beziehungen stärken – tragen Sie zu einem sichereren Teamklima bei.

Um mehr über die wissenschaftlichen Hintergründe des Leitfadens für gewaltfreie Bitten zu erfahren, lesen Sie bitte:

- Gewaltfreie Kommunikation (in der Psychologie), S. 264
- Vertrauen und psychologische Sicherheit (in der Psychologie), S. 280

Der Leitfaden für gewaltfreie Bitten

Gefühle *negative Gefühle, wenn Ihre Bedürfnisse nicht erfüllt werden*

ÄNGSTLICH
besorgt, Furcht, ahnungsvoll, verängstigt, misstrauisch, panisch, versteinert, furchtsam, argwöhnisch, entsetzt, skeptisch, sorgenvoll

ÄRGERLICH
verärgert, bestürzt, verstimmt, ungehalten, entnervt, frustriert, ungeduldig, gereizt, aufgebracht

WÜTEND
zornig, erbost, rasend, erzürnt, aufgebracht, grimmig, empört, entrüstet

AVERSION
Animosität, Verachtung, Abscheu, Ablehnung, Hass, Feindseligkeit, Abweisung

VERWIRRT
ambivalent, ratlos, fassungslos, perplex, zögerlich, durcheinander, konfus, bestürzt, verwundert, verblüfft

ABGEKOPPELT
entfremdet, entfernt, teilnahmslos, gelangweilt, kalt, unbeteiligt, gleichgültig, apathisch, unberührt, uninteressiert, zurückgezogen

UNRUHIG
aufgeregt, alarmiert, betroffen, aufgeschreckt, beunruhigt, verunsichert, ruhelos, schockiert, erschrocken, verwundert, aufgewühlt, bekümmert, sorgenschwer, unbehaglich, mulmig, entnervt, verunsichert, aufgebracht

VERLEGEN
beschämt, bekümmert, geniert, schuldig, gedemütigt, befangen

ANGESPANNT
ängstlich, unleidlich, gequält, verzweifelt, gereizt, kribbelig, reizbar, unruhig, nervös, überfordert, rastlos, ausgebrannt

SCHMERZ
Tortur, gepeinigt, leidtragend, vernichtet, Kummer, gebrochen, verletzt, einsam, jämmerlich, reuevoll, reumütig

ERMÜDUNG
erschlagen, ausgebrannt, fertig, erschöpft, lethargisch, antriebslos, schläfrig, müde, ermattet, überdrüssig

TRAURIG
deprimiert, entmutigt, niedergeschlagen, enttäuscht, mutlos, geknickt, schwermütig, bedrückt, hoffnungslos, melancholisch, unglücklich, verzweifelt

VERLETZLICH
zerbrechlich, überwacht, hilflos, unsicher, misstrauisch, scheu, sensibel

SEHNSUCHTSVOLL
neidisch, eifersüchtig, verlangend, nostalgisch, schmachtend, wehmütig

Wenn Sie

____
BEOBACHTUNG

fühle ich

____
GEFÜHL

Mein Bedürfnis ist

____
BEDÜRFNIS

Würden Sie bitte

____________________?
BITTE

Bedürfnisse

VERBUNDENHEIT
Akzeptanz, Zuneigung, Wertschätzung, Zugehörigkeit, Zusammenarbeit, Kommunikation, Nähe, Gemeinschaft, Kameradschaft, Mitempfinden, Rücksicht, Beständigkeit, Empathie, Einbindung, Intimität, Liebe, Gegenseitigkeit, Fürsorge, Respekt/Selbstrespekt, Sicherheit, Gewissheit, Stabilität, Unterstützung, Kennen und erkannt werden, Sehen und gesehen werden, Verständnis, Vertrauen, Wärme

KÖRPERLICHES WOHLBEFINDEN
Luft, Nahrung, Bewegung/Sport, Ruhe/Schlaf, Sicherheit, Schutz, Berührung, Wasser

EHRLICHKEIT
Authentizität, Integrität, Präsenz

SPIEL
Spaß, Humor

FRIEDEN
Schönheit, Kommunikation, Leichtigkeit, Gleichheit, Harmonie, Inspiration, Ordnung

AUTONOMIE
Wahlfreiheit, Freiheit, Unabhängigkeit, Raum, Spontaneität

BEDEUTSAMKEIT
Achtsamkeit, das Leben feiern, Herausforderung, Klarheit, Kompetenz, Bewusstheit, Mitwirkung, Kreativität, Entdeckung, Effizienz, Effektivität, Wachstum, Hoffnung, Lernen, Trauerarbeit, Teilnahme, Zweck, Selbstentfaltung, Anregung, Bedeutung, Verständnis

Strategyzer

Formulierungshilfen

Eine Liste negativer Gefühle und unerfüllter Bedürfnisse für eine präzisere Beschreibung.

Die Bitte

Eine Vorlage zur Vorbereitung der gewaltfreien Bitte.

In der Praxis

Eine gewaltfreie Aussage besteht aus vier aufeinanderfolgenden Teilen (Rosenberg 2003):

Der Leitfaden bietet eine Vorlage, um die Bitte zu formulieren, und eine vom Center for Nonviolent Communication gestaltete Liste, um Gefühle und Bedürfnisse präziser zum Ausdruck bringen zu können.

Wie formuliert man eine gewaltfreie Bitte?

1. **Wenn Sie [Beobachtung],**
2. **fühle ich [Gefühl].**
3. **Mein Bedürfnis ist [Bedürfnis].**
4. **Würden Sie bitte [Bitte]?**

Beispiel
»Sagen Sie eigentlich jemals danke?«

Gewaltfreie Aussagen:

1. Wenn Sie [*allen Teammitgliedern außer mir Komplimente machen*],
2. fühle ich [*mich enttäuscht*].
3. Mein Bedürfnis ist, [*dass meine Arbeit wertgeschätzt wird*].
4. Würden Sie [*mir bitte zu verstehen helfen, ob mit mir irgendetwas nicht stimmt*]?

Nach Rosenberg (2003).

Der Leitfaden für gewaltfreie Bitten

Gefühle *negative Gefühle, wenn Ihre Bedürfnisse nicht erfüllt werden*

ÄNGSTLICH
besorgt, Furcht, ahnungsvoll, verängstigt, misstrauisch, panisch, versteinert, furchtsam, argwöhnisch, entsetzt, skeptisch, sorgenvoll

ÄRGERLICH
verärgert, bestürzt, verstimmt, ungehalten, entnervt, frustriert, ungeduldig, gereizt, aufgebracht

WÜTEND
zornig, erbost, rasend, erzürnt, aufgebracht, grimmig, empört, entrüstet

AVERSION
Animosität, Verachtung, Abscheu, Ablehnung, Hass, Feindseligkeit, Abweisung

VERWIRRT
ambivalent, ratlos, fassungslos, perplex, zögerlich, durcheinander, konfus, bestürzt, verwundert, verblüfft

ABGEKOPPELT
entfremdet, entfernt, teilnahmslos, gelangweilt, kalt, unbeteiligt, gleichgültig, apathisch, unberührt, uninteressiert, zurückgezogen

UNRUHIG
aufgeregt, alarmiert, betroffen, aufgeschreckt, beunruhigt, verunsichert, ruhelos, schockiert, erschrocken, verwundert, aufgewühlt, bekümmert, sorgenschwer, unbehaglich, mulmig, entnervt, verunsichert, aufgebracht

VERLEGEN
beschämt, bekümmert, geniert, schuldig, gedemütigt, befangen

ANGESPANNT
ängstlich, unleidlich, gequält, verzweifelt, gereizt, kribbelig, reizbar, unruhig, nervös, überfordert, rastlos, ausgebrannt

SCHMERZ
Tortur, gepeinigt, leidtragend, vernichtet, Kummer, gebrochen, verletzt, einsam, jämmerlich, reuevoll, reumütig

ERMÜDUNG
erschlagen, ausgebrannt, fertig, erschöpft, lethargisch, antriebslos, schläfrig, müde, ermattet, überdrüssig

TRAURIG
deprimiert, entmutigt, niedergeschlagen, enttäuscht, mutlos, geknickt, schwermütig, bedrückt, hoffnungslos, melancholisch, unglücklich, verzweifelt

VERLETZLICH
zerbrechlich, überwacht, hilflos, unsicher, misstrauisch, scheu, sensibel

SEHNSUCHTSVOLL
neidisch, eifersüchtig, verlangend, nostalgisch, schmachtend, wehmütig

Wenn Sie

____

BEOBACHTUNG

fühle ich

____

GEFÜHL

Mein Bedürfnis ist

____

BEDÜRFNIS

Würden Sie bitte

____________________?

BITTE

Bedürfnisse

VERBUNDENHEIT
Akzeptanz, Zuneigung, Wertschätzung, Zugehörigkeit, Zusammenarbeit, Kommunikation, Nähe, Gemeinschaft, Kameradschaft, Mitempfinden, Rücksicht, Beständigkeit, Empathie, Einbindung, Intimität, Liebe, Gegenseitigkeit, Fürsorge, Respekt/Selbstrespekt, Sicherheit, Gewissheit, Stabilität, Unterstützung, Kennen und erkannt werden, Sehen und gesehen werden, Verständnis, Vertrauen, Wärme

KÖRPERLICHES WOHLBEFINDEN
Luft, Nahrung, Bewegung/Sport, Ruhe/Schlaf, Sicherheit, Schutz, Berührung, Wasser

EHRLICHKEIT
Authentizität, Integrität, Präsenz

SPIEL
Spaß, Humor

FRIEDEN
Schönheit, Kommunikation, Leichtigkeit, Gleichheit, Harmonie, Inspiration, Ordnung

AUTONOMIE
Wahlfreiheit, Freiheit, Unabhängigkeit, Raum, Spontaneität

BEDEUTSAMKEIT
Achtsamkeit, das Leben feiern, Herausforderung, Klarheit, Kompetenz, Bewusstheit, Mitwirkung, Kreativität, Entdeckung, Effizienz, Effektivität, Wachstum, Hoffnung, Lernen, Trauerarbeit, Teilnahme, Zweck, Selbstentfaltung, Anregung, Bedeutung, Verständnis

Strategyzer

Angriff versus gewaltfreie Bitten

	Überfällige Arbeit	Arbeitsüberlastung	Teilnahme an Meeting
Angriffe	Sie sind immer zu spät dran! Ich kann mich nicht auf Sie verlassen!	Bin ich hier eigentlich die Einzige, die arbeitet?	Sind wir jetzt fertig? Ich hab' noch zu tun.
Situation	Überfällige Arbeit	Arbeitsüberlastung	Teilnahme an Meeting
	• Wenn Sie [*mir in letzter Minute sagen, dass Ihre Arbeit nicht fertig geworden ist*], • fühle ich [*Wut*]. • Mein Bedürfnis ist, [*dass die verein-barten Fristen eingehalten werden*]. • Würden Sie bitte [*rechtzeitig Bescheid sagen, wenn es Probleme gibt*]?	• Wenn Sie [*mich für all diese Ziele verantwortlich machen*], • fühle ich [*mich überfordert, weil ein gutes Design nun mal seine Zeit braucht*]. • Mein Bedürfnis ist, [*Qualitätsarbeit zu leisten*]. • Würden Sie [*mir bitte zu verstehen helfen, wo die Prioritäten liegen*]?	• Wenn Sie [*mich bitten, an all Ihren Teammeetings teilzunehmen*], • fühle ich [*mich erschöpft*]. • Mein Bedürfnis ist, [*Effizienz, weil ich auch noch fünf andere Teams koordiniere*]. • Würden Sie [*mich bitte nur einladen, wenn es wesentliche Veränderungen gibt*]?

Machen Sie es doch selbst!

Fehlender Kontext

- Wenn Sie [*mich bitten, deren Projekt zu retten*],
- fühle ich [*Panik, weil mein Arbeitspensum ohnehin schon zu groß ist*].
- Mein Bedürfnis ist [*Klarheit*].
- Würden Sie [*mir bitte das große Ganze zu erkennen helfen*]?

Hier ist allen alles egal!

Motivation

- Wenn Sie [*mir sagen, dass mein Projekt ohne Ankündigung gestrichen wurde*],
- fühle ich [*mich traurig*].
- Mein Bedürfnis ist, [*sinnvolle Arbeit zu leisten*].
- Würden Sie [*mir bitte zu verstehen helfen, worauf sich Ihre Entscheidung gründet*]?

Sie sind ein Bürokrat!

Regeln und Abläufe

- Wenn Sie [*mich bitten, zeitaufwendige Abläufe hinzunehmen*],
- fühle ich [*mich ausgelaugt, weil ich wirklich Zeitmangel habe*].
- Mein Bedürfnis ist [*Effizienz*].
- Würden Sie [*mir bitte zu verstehen helfen, warum das so wichtig ist*]?

Profi-Tipps

Wann sollten Dritte einbezogen werden?

Wenn ein Konflikt sich zuspitzt, kann die beste Option sein, einen Dritten mit einzubeziehen, um voranzukommen. Dritte können als Mediatoren fungieren; ihre neutrale und externe Position kann helfen, bessere Konfliktlösungsschritte zu finden.

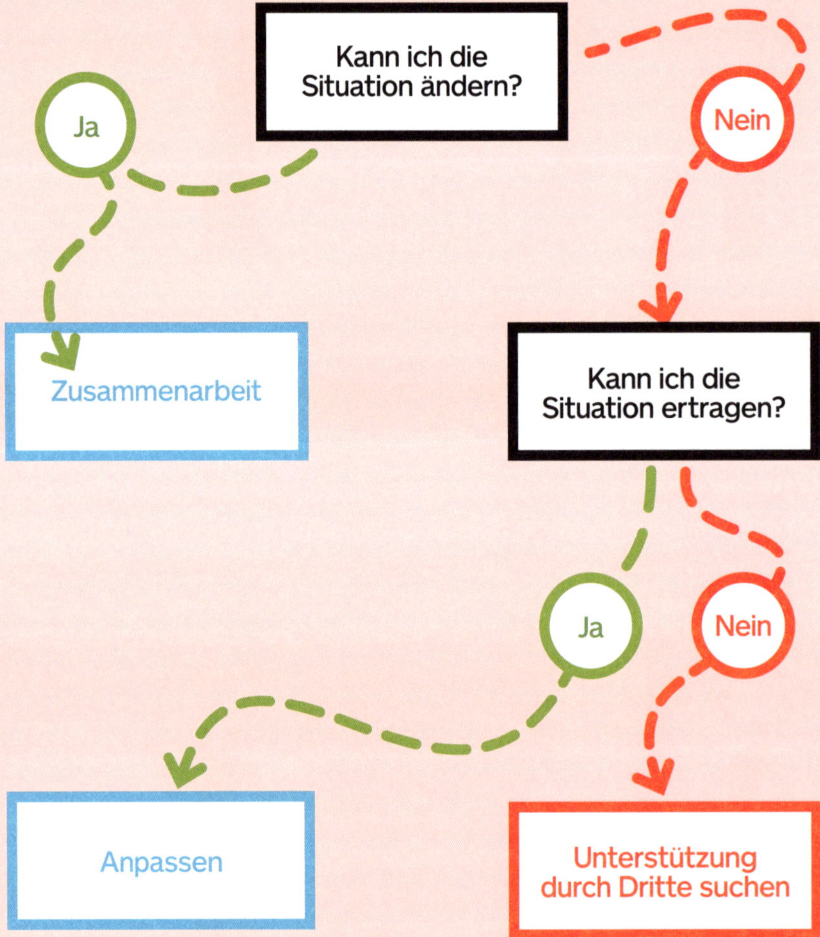

Nach Kahane (2017).

Gewaltfreie Kommunikation zur Verbesserung unseres inneren Dialogs

Die Verwendung gewaltfreier Kommunikation kann die Qualität unseres inneren Dialogs verbessern, indem sie unser Eigenurteil mildert, ein besseres Narrativ findet und uns dazu bringt, nach vorne zu sehen.

Zum Beispiel:
»Ich habe das Gehalt bei meiner Einstellung ganz schlecht verhandelt.«

Gewaltfreie Aussage:

1. Wenn ich [*herausfinde, dass ich das niedrigste Gehalt im ganzen Team bekomme*],
2. fühle ich [*mich frustriert*].
3. Mein Bedürfnis ist, [*dass meine Qualifikation anerkannt und gerecht entlohnt wird*].
4. Ich werde [*mir genügend Zeit geben, um eine Gehaltserhöhung mit soliden Argumenten vorzubereiten und auszuhandeln*].

Gewaltfreie Kommunikation im Umgang mit unerwünschten Beziehungen

Unerwünschte Beziehungen sind Beziehungen, die wir eher aus Notwendigkeit als aus eigenem Wunsch aufrechterhalten. Ob unterschiedliche Zielsetzungen oder nicht zueinander passende Persönlichkeiten, wir würden diese Beziehungen rasch beenden, wenn wir die Wahl hätten. Nutzen Sie die gewaltfreie Kommunikation als ersten Schritt, um den Druck herauszunehmen und sich Ihre seelische Ausgeglichenheit zu bewahren.

Ursprünge des Leitfadens für gewaltfreie Bitten

Ein revolutionärer Ansatz für gewaltfreie Interaktionen

Marshall Rosenberg (1934–2015) war ein amerikanischer Psychologe, der über die Ursachen von und Maßnahmen gegen Gewalt forschte. Er beobachtete, dass wir bei einem Mangel an emotionalen Fähigkeiten, unsere Unzufriedenheit zu beschreiben, zu unproduktiver Verurteilung und Kritik neigen (in der GFK als »Evaluationen« bezeichnet), die von anderen als Angriff wahrgenommen werden. Beispielsweise könnten wir sagen »Du hast mich angelogen« oder «Du bist unzuverlässig«, was beides als Angriff verstanden wird, obwohl wir eigentlich zum Ausdruck bringen wollen: »Ich bin enttäuscht, weil du mir versprochen hast, dass du diese Arbeit heute einreichen würdest.«

Rosenberg entwickelte und verwendete die GFK in den 1960er-Jahren zur Verbesserung der Mediations- und Kommunikationsfähigkeit an öffentlichen Schulen. Im Jahr 1984 gründete er dann das Center for Nonviolent Communication, eine internationale Friedensorganisation, die in über 60 Ländern weltweit GFK-Schulungen und -Unterstützungsmaßnahmen anbietet. Wenn Sie mehr über dieses leistungsstarke System erfahren wollen, besuchen Sie die Website des Center for Nonviolent Communication, www.cnvc.org.

Gefühle, wenn Ihre Bedürfnisse nicht erfüllt sind

Ängstlich
besorgt
Furcht
ahnungsvoll
verängstigt
misstrauisch
panisch
versteinert
furchtsam
argwöhnisch
entsetzt
skeptisch
sorgenvoll

Ärgerlich
verärgert
bestürzt
verstimmt
ungehalten
entnervt
frustriert
ungeduldig
gereizt
aufgebracht

Wütend
zornig
erbost
rasend
erzürnt
aufgebracht
grimmig
empört
entrüstet

Aversion
Animosität
Verachtung
Abscheu
Ablehnung
Hass
Feindseligkeit
Abweisung

Verwirrt
ambivalent
ratlos
fassungslos
perplex
zögerlich
durcheinander
konfus
bestürzt
verwundert
verblüfft

Abgekoppelt
entfremdet
entfernt
teilnahmslos
gelangweilt
kalt
unbeteiligt
gleichgültig
apathisch
unberührt
uninteressiert
zurückgezogen

Unruhig
aufgeregt
alarmiert
betroffen
aufgeschreckt
beunruhigt
verunsichert
ruhelos
schockiert
erschrocken
verwundert
aufgewühlt
bekümmert
sorgenschwer
unbehaglich
mulmig
entnervt
verunsichert
aufgebracht

Verlegen
beschämt
bekümmert
geniert
schuldig
gedemütigt
befangen

Angespannt
ängstlich
unleidlich
gequält
verzweifelt
gereizt

kribbelig
reizbar
unruhig
nervös
überfordert
rastlos
ausgebrannt

Schmerz
Tortur
gepeinigt
leidtragend
vernichtet
Kummer
gebrochen
verletzt
einsam
jämmerlich
reuevoll
reumütig

Ermüdung
erschlagen
ausgebrannt
fertig
erschöpft
lethargisch
antriebslos
schläfrig
müde
ermattet
überdrüssig

Traurig
deprimiert
entmutigt
niedergeschlagen
enttäuscht
mutlos
geknickt
schwermütig
bedrückt
hoffnungslos
melancholisch
unglücklich
verzweifelt

Verletzlich
zerbrechlich
überwacht
hilflos
unsicher
misstrauisch
scheu
sensibel

Sehnsuchtsvoll
neidisch
eifersüchtig
verlangend
nostalgisch
schmachtend
wehmütig

Gefühle, wenn Ihre Bedürfnisse erfüllt sind

Liebevoll
teilnahmsvoll
freundlich
liebend
aufgeschlossen
mitfühlend
zärtlich
warm

Engagiert
konzentriert
aufmerksam
neugierig
versunken
bezaubert
hingerissen
fasziniert
interessiert
gebannt
beteiligt
verzaubert
angeregt

Hoffnungsvoll
erwartungsvoll
ermutigt
optimistisch

Vertrauensvoll
befähigt
offen
stolz
sicher
gewiss

Aufgeregt
begeistert
beseelt
flammend
aufgerüttelt
erstaunt
verblüfft
eifrig
energiegeladen
enthusiastisch
aufgedreht
belebt
lebendig
leidenschaftlich
überrascht
dynamisch

Dankbar
anerkennend
bewegt
wertschätzend
berührt

Inspiriert
begeistert
ehrfurchtsvoll
beeindruckt

Freudig
amüsiert
erheitert
froh
glücklich
jubilierend
fröhlich
zufrieden

Hocherfreut
glückselig
ekstatisch
wonnevoll
selig
überschwäng-
lich
strahlend
entzückt
hingerissen

Friedlich
ruhig
klar
bequem
zentriert
zufrieden
ausgeglichen
erfüllt
milde
still
entspannt
erleichtert
zufrieden
heiter
locker
abgeklärt
vertrauensvoll

Erfrischt
belebt
verjüngt
erneuert
erholt
wiederhergestellt
aufgetankt

Liste der Bedürfnisse

Verbundenheit
Akzeptanz
Zuneigung
Wertschätzung
Zugehörigkeit
Zusammenarbeit
Kommunikation
Nähe
Gemeinschaft
Kameradschaft
Mitempfinden
Rücksicht
Beständigkeit
Empathie
Einbindung
Intimität
Liebe
Gegenseitigkeit
Fürsorge
Respekt/
Selbstrespekt
Sicherheit
Gewissheit
Stabilität
Unterstützung
Kennen und
erkannt werden
Sehen und
gesehen werden
Verständnis
Vertrauen
Wärme

Körperliches Wohlbefinden
Luft
Nahrung
Bewegung/Sport
Ruhe/Schlaf
Sicherheit
Schutz
Berührung
Wasser

Ehrlichkeit
Authentizität
Integrität
Präsenz

Spiel
Spaß
Humor

Frieden
Schönheit
Kommunikation
Leichtigkeit
Gleichheit
Harmonie
Inspiration
Ordnung

Autonomie
Wahlfreiheit
Freiheit
Unabhängigkeit
Raum
Spontaneität

Bedeutsamkeit
Achtsamkeit
das Leben feiern
Herausforderung
Klarheit
Kompetenz
Bewusstheit
Mitwirkung
Kreativität
Entdeckung
Effizienz
Effektivität
Wachstum
Hoffnung
Lernen
Trauerarbeit
Teilnahme
Zweck
Selbstentfaltung
Anregung
Bedeutung
Verständnis

Vertiefung

Die wissenschaftlichen Hintergründe der Tools und des Buches

Überblick

Die in diesem Buch vorgestellten Tools sind das Ergebnis interdisziplinärer Arbeit. Entdecken Sie, welche wissenschaftlichen Forschungen jedem dieser Tools zugrunde liegen.

4.1
Gegenseitiges Verständnis und gemeinsame Basis

Was Psycholinguisten über gegenseitiges Verstehen herausgefunden haben.

4.2
Vertrauen und psychologische Sicherheit

Tieferer Einblick in die Arbeit von Amy Edmondson.

4.3
Beziehungstypen

Die Perspektive der evolutionären Anthropologie.

4.4
Gesicht und Höflichkeit

Die Gesichtstheorie und die beiden zentralen Anforderungen gegenseitiger Wertschätzung.

Die wissenschaftliche Grundlage der Tools

Sämtliche Tools wurden unter Verwendung eines Lean-UX-Zyklus entwickelt an der Schnittstelle von gängigen Managementproblemen und möglichen konzeptuellen Lösungen der Sozialwissenschaften, darunter Psycholinguistik, evolutionäre Anthropologie und Psychologie. Die Übertragung theoretischer Konzepte in anwendbare Werkzeuge erforderte Dutzende Durchläufe und Prototypen. Und die Wahrscheinlichkeit ist groß, dass die Tools sich auch in Zukunft weiterentwickeln.

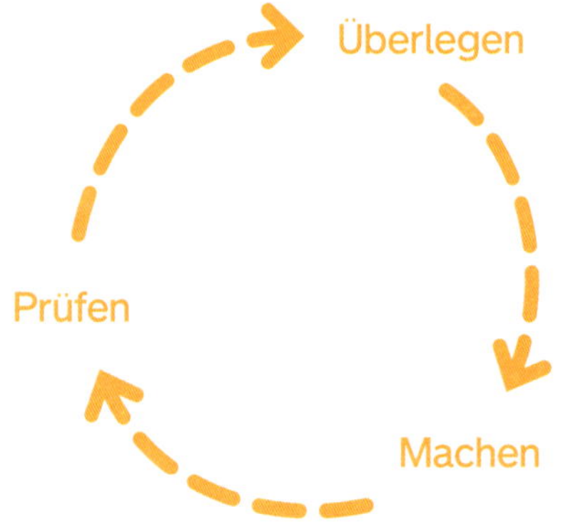

Lean-UX-Zyklus

Die Tools

Die Team Alignment Map

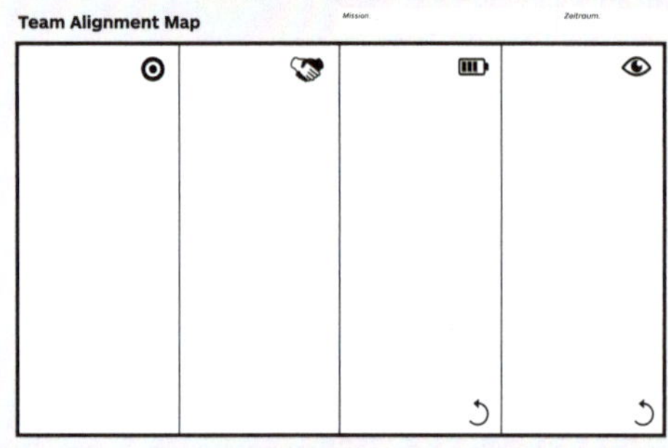

Der Teamvertrag

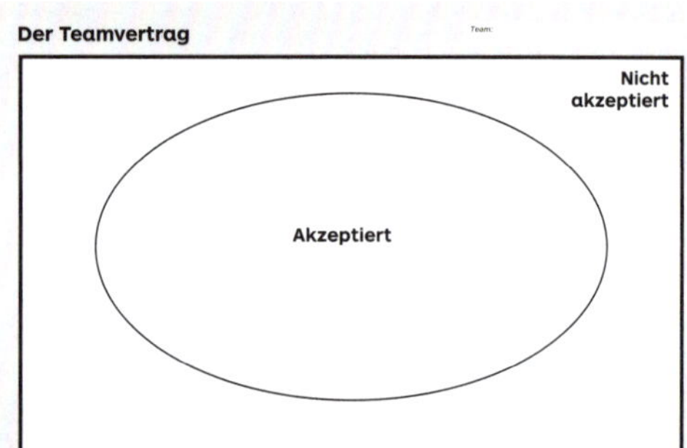

Die zugrunde liegenden wissenschaftlichen Prinzipien

Gegenseitiges Verständnis und gemeinsame Basis
(in der Psycholinguistik), S. 272

Beziehungstypen
(in der evolutionären Anthropologie), S. 288

Vertrauen und psychologische Sicherheit
(in der Psychologie), S. 280

Der Faktenfinder

Der Faktenfinder

Annahmen

Verallgemeinerungen

Vollständige Fakten

Beschränkungen

Urteile

Die Respektkarte

Die Respektkarte

Bedürfnis nach Respekt
Respekt zeigen

Bedürfnis nach Wertschätzung
Anerkennung zeigen

Der Leitfaden für gewaltfreie Bitten

Der Leitfaden für gewaltfreie Bitten

Wenn Sie ______
BEOBACHTUNG

fühle ich ______
GEFÜHL

Mein Bedürfnis ist ______
BEDÜRFNIS

Würden Sie bitte ______?
BITTE

Gesicht und Höflichkeit
(in der Psycholinguistik), S. 296

Gewaltfreie Kommunikation
(in der Psychologie), S. 264

4.1 Gegenseitiges Verständnis und gemeinsame Basis

Was Psycholinguisten über gegenseitiges Verstehen herausgefunden haben.

Was ist die gemeinsame Basis eines Teams?

Einfach ausgedrückt ist die gemeinsame Basis das, wovon jedes Teammitglied weiß, dass die anderen Teammitglieder es ebenfalls wissen. Die Mechanismen der gemeinsamen Basis wurden vom Psycholinguisten Herbert Clark beschrieben und vom Psychologen Steven Pinker weiterentwickelt. Die Menschen wenden Sprache an, um gemeinsame Aktivitäten zu koordinieren. Teammitglieder sind voneinander abhängig, denn sie brauchen einander, um in der Zusammenarbeit erfolgreich zu sein. Diese Interdependenzen zwingen alle, Koordinationsprobleme zu lösen, denn jeder muss fortwährend seine Mitwirkung auf die Mitwirkung der anderen abstimmen. Wie von Clark beschrieben, müssen Teammitglieder eine ausreichende gemeinsame Basis schaffen und aufrechterhalten, um gemeinsam Aktivitäten durchzuführen: eine Reihe von Kenntnissen, Überzeugungen und Voraussetzungen, die von allen geteilt werden. Das ist aus Gründen der gegenseitigen Vorhersagbarkeit wichtig: Die Teammitglieder müssen in der Lage sein, die Aktivitäten und Verhaltensweisen der anderen erfolgreich zu prognostizieren, um sich zu koordinieren und zu erreichen, was sie als Team anstreben.

Wie wird die gemeinsame Basis eines Teams geschaffen und aufrechterhalten? Durch den Einsatz von Sprache und Kommunikation. Aus der Clark'schen Perspektive ist das die Raison d'être der Kommunikation. Wenn die gemeinsame Basis groß genug ist, können die Teammitglieder ihre beiderseitigen Handlungen erfolgreich voraussagen und erleben weniger koordinative Überraschungen. Mit anderen Worten, sie begegnen weniger Umsetzungsproblemen, weil ihre individuellen Beiträge aufeinander abgestimmt werden. Koordinationsüberraschungen treten immer dann ein, wenn die Teammitglieder einander Dinge tun sehen, die nach ihrer eigenen Überzeugung keinen Sinn ergeben. Wie von Klein (2005) bemerkt, liegt der Ursprung dafür in Schwachstellen der gemeinsamen Basis, das heißt, wenn Verwirrung darüber herrscht, was passiert und wer was tut – mit anderen Worten, wer was weiß. Faktoren für das Scheitern von Projekten wie unvollständige Anforderungen, mangelnde Nutzerbeteiligung, unrealistische Erwartungen, fehlende Unterstützung oder sich verändernde Anforderungen können als Symptom von Schwachstellen der gemeinsamen Basis interpretiert werden, was die Bedeutung des Schaffens und der Aufrechterhaltung einer gemeinsamen Basis, gemeinsamen Wissens oder gegenseitigen Verständnisses zur Gewährleistung von erfolgreichem Teamwork hervorhebt.

Erfolgreiches Teamwork

Effektive Koordination

Maßgebliche gemeinsame Basis

Erfolgreiche Gespräche

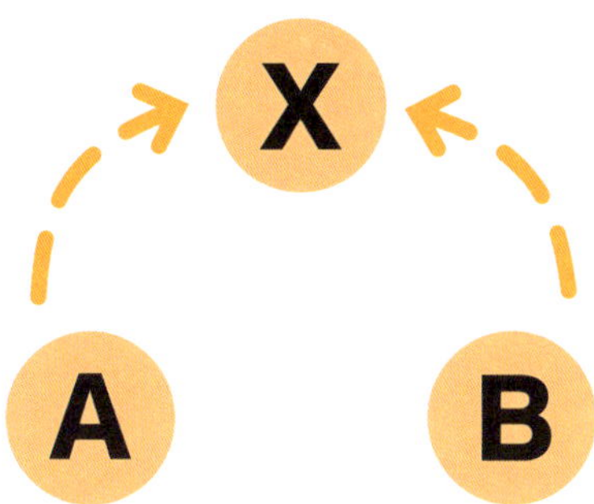

Privates Wissen

Alle wissen etwas, aber wissen nicht, dass die anderen es ebenfalls wissen.

- A weiß X.
- B weiß X.

Beispiel

- Ann weiß, dass ein Mann über die Straße geht.
- Bob weiß, dass ein Mann über die Straße geht.
- Ann weiß nicht, dass Bob es weiß.
- Bob weiß nicht, dass Ann es weiß.

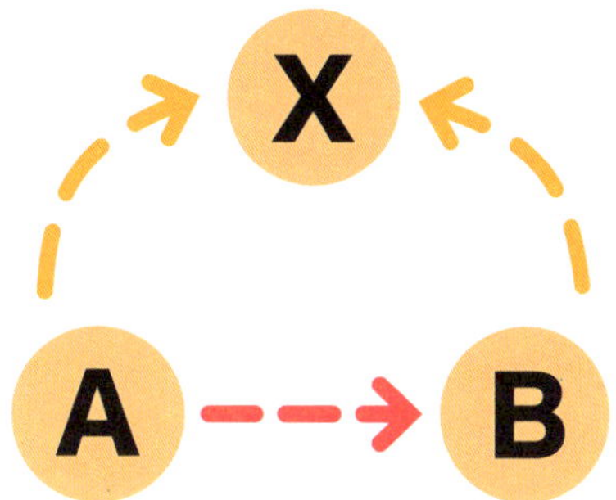

Geteiltes Wissen

Alle wissen etwas, aber nur einige wissen, dass die anderen es wissen.

- A weiß X.
- B weiß X.
- A weiß, dass B X weiß.
- B weiß nicht, dass A X weiß.

Beispiel

- Ann weiß, dass ein Mann über die Straße geht.
- Bob weiß, dass ein Mann über die Straße geht.
- Ann weiß, dass Bob es weiß.
- Bob weiß nicht, dass Ann es weiß.

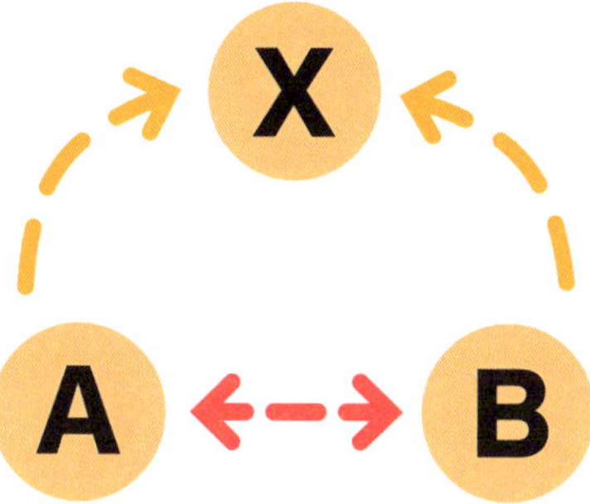

Gemeinsame Basis, gemeinsames Wissen oder gegenseitiges Verständnis

Alle wissen etwas und alle wissen, dass alle anderen es wissen.

- A weiß X.
- B weiß X.
- A und B wissen, dass sie beide X wissen.

Beispiel

- Ann weiß, dass ein Mann über die Straße geht.
- Bob weiß, dass ein Mann über die Straße geht.
- Ann und Bob wissen beide, dass sie es beide wissen.

J. De Freitas, K. Thomas, P. DeScioli und S. Pinker, »Common Knowledge, Coordination, and Strategic Mentalizing in Human Social Life«, Proceedings of the National Academy of Sciences 116, *Nr. 28 (2019): 13751–13758.*

Eine gemeinsame Basis schaffen

Eine gemeinsame Basis bildet sich als Ergebnis eines sozialen und kognitiven Prozesses heraus, der von Herb Clark als »Grounding« beschrieben wird. Dieser Prozess ermöglicht es zwei oder mehr Personen, ein gegenseitiges Verständnis zu schaffen und zu bestätigen, indem sie einander signalisieren, (1) dass ein Nachweis des Verständnisses erreicht wurde oder (2) dass ein Missverständnis in der Luft liegt und weitere Schritte notwendig sind, um erfolgreich zu sein.

1 Verständnis signalisieren

Gegenseitiges Verständnis ist erreicht, wenn die Leute verbal oder nonverbal einen positiven Nachweis des Verständnisses liefern. In einem Gespräch können positive Signale sein:

- Nicken: »ah ja«, »verstehe«, »mmm«
- Fortfahren: den Satz des anderen weiterführen
- Antworten: eine Frage beantworten
- Exemplifizieren: ein Beispiel dessen geben, was gerade gesagt wurde

Dieser Prozess des Grounding entfaltet sich in drei gleichzeitig auftretenden Aktivitäten oder Ebenen, die sich alle zum selben Zeitpunkt ereignen. Sprecher und Zuhörer müssen gemeinsam eine virtuelle Leiter erklimmen, und zwar in dieser Reihenfolge:

1. **Beachten**: Sprecher erzeugen Laute und machen Gesten und Zuhörer müssen diese Laute und Gesten beachten.
2. **Wahrnehmen**: Sprecher müssen mit diesen Lauten und Gesten Botschaften formulieren und Zuhörer müssen diese Botschaften identifizieren.
3. **Verstehen**: Sprecher müssen mit diesen Botschaften etwas ausdrücken wollen und Zuhörer müssen die richtigen Schlüsse ziehen, um ihre Bedeutung zu verstehen.

2 Missverständnis signalisieren

Wenn es Unklarheiten gibt, weisen die folgenden Signale auf Missverständnisse oder einen negativen Nachweis des Verständnisses hin:

- Zögern: »äh«
- Umformulieren: »Wenn ich das richtig verstehe …«, »Sie meinen …« etc.
- Klären: gute Klärungsfragen stellen, beispielsweise mithilfe des Faktenfinders

Diese Reparaturmechanismen schaffen neue Gelegenheiten, um ein gegenseitiges Verständnis aufzubauen.

Fragen. Zuhören. Wiederholen.
Eine einfache Methode zur Verbesserung des gegenseitigen Verständnisses ist, unser eigenes Verständnis zu validieren, indem wir wiederholen, was der andere uns gerade gesagt hat.

Das Grounding

Sprechen und Zuhören sind gemeinsam durchgeführte Aktivitäten, genau wie Walzer zu tanzen oder vierhändiges Klavierspiel. Die aktive Teilnahme beider Parteien ist bei jedem Schritt erforderlich, um erfolgreich eine gemeinsame Basis zu schaffen.

Der Einfluss von Kommunikationskanälen auf das Schaffen einer gemeinsamen Basis

Nicht alle Kommunikationskanäle haben denselben Einfluss auf das Schaffen einer gemeinsamen Basis (Clark und Brennan, 1991). Das persönliche Gespräch bleibt die wirkungsvollste Technologie, gefolgt von Videokonferenzen, die durch das Verringern der Distanzbarriere und die Entwicklung intensiver Erfahrungen einen großen Fortschritt bedeuten. Räumlich voneinander getrennte Task Forces, Leitzentralen und Kriseneinheiten zeigen immer noch die Wichtigkeit persönlicher Begegnungen, um rasch eine gemeinsame Basis zu schaffen, wenn Menschen extrem effektiv sein müssen.

Alle anderen Kommunikationskanäle weisen im Vergleich zu persönlichen Interaktionen Hindernisse auf – zum Beispiel mangelnde nonverbale und kontextbezogene Informationen, schlechte Übertragungssignale, Verzögerungen oder die Unfähigkeit, eine unmittelbare Erklärung zu bekommen, wenn man eine missverständliche E-Mail erhält. Diese Hindernisse können unsere Fähigkeit zum Schaffen einer gemeinsamen Basis und zur Koordination als Team erheblich verringern.

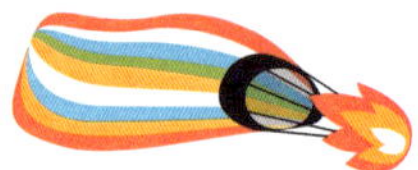

Synchrone Kommunikation

Bevorzugen Sie persönliche Gespräche, Videokonferenzen und Konferenzgespräche, wenn die gemeinsame Basis des Teams massiv gestärkt werden muss, beispielsweise um

- neue Aktivitäten und Projekte in Gang zu bringen,
- Probleme zu lösen,
- kreative Aufgaben zu erfüllen.

Asynchrone Kommunikation

Verwenden Sie E-Mails, Chatrooms und andere asynchrone Medien für schrittweise Aktualisierungen, beispielsweise um

- über Veränderungen zu informieren,
- Dokumente gemeinsam zu bearbeiten,
- Aktualisierungen mitzuteilen,
- Statusberichte abzuliefern.

Die Effektivität von Kommunikation über verschiedene Medienarten

+ Eine persönliche Anfrage ist 34-mal erfolgreicher als eine E-Mail.

Vanessa K. Bohns, Harvard Business Review, *April 2017*

Persönliches Gespräch | Videogespräch | Telefongespräch | Adressierte Briefe, E-Mails, Berichte | Kurzmitteilung | Spam-Mails, Plakate

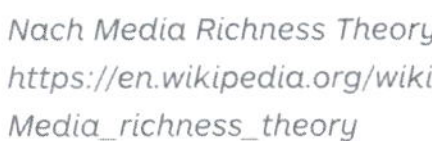

Nach Media Richness Theory, https://en.wikipedia.org/wiki/Media_richness_theory

4.2
Vertrauen und psychologische Sicherheit

Tieferer Einblick in die Arbeit von Amy Edmondson.

Was ist psychologische Sicherheit und wie verhilft sie Teams zu besseren Leistungen?

Amy Edmondson zufolge ist psychologische Sicherheit »die Überzeugung, dass ein interpersonelles Eingehen von Risiken im Team sicher ist. Dass man nicht bestraft oder gedemütigt wird, wenn man Ideen, Fragen, Bedenken oder Fehler anspricht.« Wenn das Klima psychologisch sicher ist, haben die Teammitglieder keine Angst davor, das Wort zu ergreifen. Sie führen produktive Dialoge, die das zum Verständnis von Umwelt, Kunden und einer effektiven gemeinsamen Problemlösung notwendige proaktive Lernverhalten fördern.

Die Lösung komplexer Probleme ist das A und O aller innovativen Businessvorhaben, denn hier ist ein ständiges Experimentieren erforderlich: intensive Phasen von Versuch und Irrtum, bis die Teams den richtigen Weg gefunden haben – was per definitionem die eigentliche Grundlage geschäftlicher Innovation ist.

Die Konfrontation mit Ungewissheit bringt psychologisch sicheren Teams ein Leistungsplus, da Fehler nicht als Scheitern betrachtet werden, sondern als Experiment und Lernchance. Sicherheit zu schaffen bedeutet nicht, ständig nett zueinander zu sein oder die Leistungsstandards zu mindern, sondern vielmehr eine Kultur der Offenheit zu schaffen, in der Teamkollegen Lernergebnisse austauschen, direkt sein, Risiken eingehen und zugeben dürfen, dass sie etwas vermasselt haben, und die Bereitschaft zeigen, um Hilfe zu bitten, wenn sie nicht weiterwissen.

In den Spitzenteams von Google fühlen die Mitarbeiter sich sicher, ihre Meinung zu sagen, zusammenzuarbeiten und gemeinsam zu experimentieren. Eine große interne Studie, die von ihrer Personalabteilung durchgeführt wurde, hob psychologische Sicherheit als zentrales Element von leistungsstarkem Teamwork hervor.

In einer Welt, die von Volatilität, Ungewissheit, Komplexität und Uneindeutigkeit geprägt ist, muss das Schaffen und Aufrechterhalten eines psychologisch sicheren Klimas zur Führungspriorität werden für alle, die im globalen Wettbewerb Schritt halten wollen.

Wie Edmondson feststellte, hat psychologische Sicherheit nichts mit Nettigkeit oder der Gefährdung von Leistungsstandards zu tun. Konflikte entstehen in jedem Team, aber psychologische Sicherheit macht es möglich, diese Energie in produktive Interaktionen umzuleiten, das heißt in konstruktiven Widerspruch, einen offenen Austausch von Ideen und das Lernen aus unterschiedlichen Blickwinkeln. So geht es auch bei der psychologischen Sicherheit nicht darum, ein komfortables Klima zu schaffen, in dem die Leistungsstandards gelockert und die Leute auf individueller Ebene von jeder Verantwortung befreit werden. Psychologische Sicherheit und Leistungsstandards sind zwei separate, gleichermaßen wichtige Dimensionen und beide sind notwendig, um eine überragende Teamleistung zu erzielen (Edmondson 2018).

A. C. Edmondson, The Fearless Organization: Creating Psychological Safety in the Workplace for Learning, Innovation, and Growth *(John Wiley & Sons, 2018).*

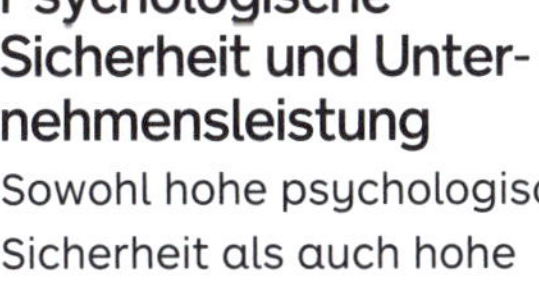

Psychologische Sicherheit und Unternehmensleistung

Sowohl hohe psychologische Sicherheit als auch hohe Leistungsstandards sind notwendig, um in die Lernzone zu gelangen und eine überlegene Teamleistung zu erzielen.

Nach Amy Edmondson

Komfortzone

Die Teammitglieder arbeiten gern zusammen, werden aber von der Arbeit nicht gefordert und sehen keinen zwingenden Grund, sich für weitere Herausforderungen zu engagieren.

Lernzone

Alle können zusammenarbeiten, voneinander lernen und komplexe, innovative Arbeit leisten.

Apathiezone

Die Leute sind körperlich anwesend, mit den Gedanken aber woanders. Eine Menge Energie wird darauf verwandt, einander das Leben schwer zu machen.

Angstzone

Der vielleicht schlechteste Bereich zum Arbeiten. Weil sie misstrauisch sind und Angst vor ihren Kollegen haben, sind die Leute bei der Erfüllung hoher Standards und Erwartungen überwiegend auf sich gestellt.

Psychologische Sicherheit

Leistungsstandards

Wie sich psychologische Sicherheit rasch einschätzen lässt

Mithilfe dieser sieben Fragen lässt sich feststellen, was gut funktioniert und welche Bereiche verbesserungswürdig sind. Wir empfehlen, diese Beurteilung unter Kollegen derselben hierarchischen Ebene vorzunehmen, um voreingenommene Reaktionen zu vermeiden.

1 Individuell antworten

Nehmen Sie sich zwei Minuten Zeit, um die sieben Fragen zu beantworten, und berechnen Sie Ihre persönliche Punktzahl.

2 Die persönliche Punktzahl mitteilen

Teilen Sie die persönliche Punktzahl Ihren Kollegen mit.

3 Die Unterschiede besprechen und untersuchen

Gehen Sie in eine offene Diskussion, um die verschiedenen Wahrnehmungen zu verstehen, Frage für Frage.

4 Sich auf mögliche Handlungen einigen

Wenn verbesserungswürdige Bereiche ausgemacht werden, einigen Sie sich auf passende Lösungen. Die vier auf der nächsten Seite präsentierten Ergänzungen können dabei hilfreich sein.

		Stimme überhaupt nicht zu	Stimme nicht zu	Stimme eher nicht zu	Neutral	Stimme eher zu	Stimme zu	Stimme absolut zu	Ihre Punktzahl
1 Aus Fehlern lernen	Wenn Sie in diesem Team einen Fehler machen, wird er Ihnen oft vorgehalten.	7	6	5	4	3	2	1	
2 Produktive Konfliktlösung	Die Mitglieder dieses Teams können Probleme ansprechen und schwierige Themen diskutieren.	1	2	3	4	5	6	7	
3 Von Vielfalt profitieren	Die Menschen in diesem Team lehnen andere manchmal ab, weil sie anders sind.	7	6	5	4	3	2	1	
4 Entdeckungen unterstützen	Es ist in diesem Team sicher, ein Risiko einzugehen.	1	2	3	4	5	6	7	
5 Gegenseitige Hilfe	Es ist schwierig, andere Mitglieder dieses Teams um Hilfe zu bitten.	7	6	5	4	3	2	1	
6 Starke Partnerschaft	Niemand in diesem Team würde vorsätzlich meine Bemühungen hintertreiben.	1	2	3	4	5	6	7	
7 Optimale Mitwirkung	In der Zusammenarbeit mit Mitgliedern dieses Teams werden meine besonderen Fähigkeiten und Talente geschätzt und genutzt.	1	2	3	4	5	6	7	
								Gesamt	

Nach Amy Edmondson (1999).

+
Als Faustregel können 40 und mehr Punkte als gute Gesamtpunktzahl betrachtet werden.

Unterschiede zwischen Vertrauen, psychologischer Sicherheit und ähnlichen Konzepten

Psychologische Sicherheit

Die Mitglieder dieses Teams sind überzeugt, dass das Team beim Eingehen interpersoneller Risiken Sicherheit bietet und dass niemand für das Vorbringen von Ideen, Fragen, Sorgen oder das Eingestehen von Fehlern bestraft oder gedemütigt wird (Edmondson 1999).

Psychologische Sicherheit beschreibt ein Teamklima und wird auf der Gruppenebene erlebt (Edmondson 2018); sie erfasst das Ausmaß, in dem man glaubt, dass andere im Zweifel zu einem stehen, wenn man Risiken eingeht (Edmondson 2004). Das beinhaltet Vertrauen, geht aber darüber hinaus.

Nach Frazier et al. (2017).

Empowerment

Der Grad an Motivation, den Beschäftigte empfinden, wenn sie Kontrolle über ihre Arbeit zu haben glauben (Spreitzer 1995).

Engagement

Der kognitive Zustand von Individuen, die ihre persönlichen Ressourcen und ihre Energie in ihre beruflichen Funktionen und Aufgaben investieren (Christian, Garza und Slaughter 2011; Kahn 1990).

Vertrauen

Die Bereitschaft, sich anderen gegenüber verwundbar zu machen (Mayer, Davis und Schoorman 1995).

Vertrauen wird auf der Interaktionsebene zwischen zwei Individuen erlebt. Dem einen Kollegen kann man vertrauen, einem anderen jedoch nicht (Edmondson 2019).

4.3 Beziehungstypen

Die Perspektive der evolutionären Anthropologie.

Beziehungen: die vier Spielmodi

Wenn wir als Team arbeiten, dann arbeiten wir nicht bloß, wir pflegen auch unsere Beziehungen zu unseren Kollegen. Die ganze Zeit suchen, schaffen, bewahren, reparieren, justieren, beurteilen, interpretieren und billigen wir Beziehungen. Der Anthropologe Alan Fiske hat die »Grammatik« menschlicher Beziehungen auf brillante Weise in Form der vier Elementartypen von Bindungen dargestellt, die als »Beziehungstypen« bezeichnet werden. Diese vier Spielmodi organisieren jeweils eine Methode der Verteilung von Ressourcen unter Teilnehmern (nach Fiske 1992 und Pinker 2008).

Die vier Modi sind:

1. **Teilen**: »Was mir gehört, gehört auch dir und umgekehrt.« Man wird von einem Gefühl der Zugehörigkeit angetrieben und Entscheidungen werden nach Konsens getroffen. Typisch für Gemeinschaften wie Paare, enge Freunde oder Verbündete.
2. **Autorität**: »Wer ist zuständig?« Man wird von Macht angetrieben, Regeln und Entscheidungen sind autoritativ; eine Person hat eine übergeordnete Position (Prestigegewinn), die andere hat eine untergeordnete Position (Schutzgewinn). Typisch bei hierarchischen Strukturen wie Chefs und Untergebenen, Offizieren und Soldaten oder Professoren und Studenten.
3. **Gegenleistung**: »Jedem dasselbe.« Man wird von dem Bedürfnis nach Gleichheit, Geben und Nehmen im gleichen Maße angetrieben und Entscheidungen werden per Abstimmung getroffen (eine Person, eine Stimme). Typisch für Gruppen Gleichgestellter wie Clubs, Fahrgemeinschaften und Bekannte: Geschenke erhalten und machen, Einladungen erhalten und erwidern und so weiter.
4. **Übereinkunft**: »Jeder erhält den angemessenen Anteil.« Man wird von Leistungen angetrieben; Transaktionen beruhen auf Elementen wie empfundene Nützlichkeit, individuelle Leistung und Marktpreis. Typisch für gewinnorientierte Unternehmen, Aktienmärkte, Käufer-/Verkäufer-Beziehungen.

Fiske deckt auf, dass alles recht gut klappt, wenn beide Parteien im selben Modus spielen. Spielt jedoch der eine im einen Modus und der andere im anderen – gibt es also eine Codeabweichung –, dann läuft es schief. Um die Komplexität zu erhöhen, nutzen wir bei der Interaktion mit anderen niemals nur einen Spielmodus. Wir wechseln ständig zwischen den Modi, je nach Kontext und Aufgabenstellung. Die Herausforderung liegt darin, gemeinsam erfolgreich durch die Modi-Veränderungen zu navigieren, weil die Spielregeln sich bei jedem Modus ändern.

A. P. Fiske, »The Four Elementary Forms of Sociality: Framework for a Unified Theory of Social Relations«, Psychological Review 99, *Nr. 4 (1992): 689.*
S. Pinker, M. A. Nowak und J. J. Lee, »The Logic of Indirect Speech«, Proceedings of the National Academy of Sciences 105, *Nr. 3 (2008): 833–838.*

+

In welcher Situation ist was der Hauptspielmodus Ihres Teams? Das Verständnis und die Koordination von Spielmodi helfen, unabsichtliche Fauxpas zu minimieren; mit jedem Spielmodus verändern sich die Spielregeln und damit auch das erwartete Verhalten.

Teamwork-Erwartungen

Spielmodus	**Teilen** *Was mir gehört, gehört auch dir*	**Autorität** *Wer ist zuständig?*	**Gegenleistung** *Geben und Nehmen*	**Übereinkunft** *Proportionale Bezahlung*
zeigt sich im Alter von	Kleinkindalter	3 Jahren	4 Jahren	9 Jahren
Primäre Motivation	Zugehörigkeit • Intimität • Selbstlosigkeit • Großzügigkeit • Freundlichkeit • Fürsorge	Zugehörigkeit • Macht vs. Schutz • Status, Anerkennung vs. Gehorsam, Loyalität	Gleichheit • gleiche Behandlung • strikte Fairness	Leistung • Nützlichkeit • Vorteile • Gewinn
Beispiele	Familie, enge Freunde, Clubs, ethnische Gruppen, soziale Bewegungen, Open-Source-Communitys	Untergebene und ihre Chefs, Soldaten und Kommandanten, Professoren und Studenten	WG-Bewohner (Besorgungen, Bier holen), Fahrgemeinschaften, Bekannte (Geschenke machen und erhalten, Dinnerpartys, Geburtstage)	Geschäftswelt: Käufer und Verkäufer, Schnäppchen machen, Gewinn erzielen, Vertrag aushandeln, Dividenden erhalten
Organisation	Gemeinschaft	Hierarchie	Peergroup	Rational strukturiert
Beitrag der Teilnehmenden	Jeder leistet einen Beitrag entsprechend seinen persönlichen Fähigkeiten	Vorgesetzte weisen die Arbeit zu und kontrollieren sie	Jeder leistet dieselbe oder vergleichbare Arbeit	Die Arbeit wird nach Leistung und Produktivität aufgeteilt
Entscheidungsprozess	Einverständnis	Autoritätskette	Abstimmung, Losverfahren	Argumente
Ressourcenbesitz	Gehört allen, keine Buchführung	Wächst mit hierarchischer Ebene	In gleiche Teile aufgeteilt	Im Verhältnis zum Beitrag oder zum investierten Kapital
Belohnungen	Gemeinsamer Vorrat an Belohnungen, keine individuelle Vergütung	Nach Rang und Überlegenheit	Gleiche Belohnung in gleicher Höhe für alle	Nach Marktwert und individueller Leistung

Die Kombination von Spielmodi: keine gute Idee

Wenn wir annehmen, dass andere im selben Modus spielen wie wir selbst, dies aber gar nicht der Fall ist, kann das für heftige Emotionen sorgen. Die im einen Modus als angemessen betrachteten Verhaltensweisen können in einem anderen Modus als vollkommen unangebracht angesehen werden. Jeder tut sein Bestes, aber die Leute beleidigen einander unabsichtlich, nur weil sie in einem anderen Modus agieren. Das führt zu Situationen, in denen die Beteiligten Peinlichkeit, Tabuverletzungen oder gar moralische Ausgrenzung empfinden (Pinker 2007).

Übereinstimmende Modi

Ein guter Freund
(Teilen = Teilen)

Essen vom Teller stibitzen

Nicht übereinstimmende Modi

Ein Vorgesetzter
(Teilen ≠ Autorität)

S. Pinker, The Stuff of Thought: Language as a Window into Human Nature *(Penguin, 2007).*

Ein Kunde
(Übereinkunft = Übereinkunft)

Bei einem Verkauf Gewinn machen

Ein Elternteil
(Übereinkunft ≠ Teilen)

In einem Restaurant
(Übereinkunft = Übereinkunft)

Für Ihr Essen bezahlen

Im Haus Ihrer Eltern
(Übereinkunft ≠ Teilen)

In Teams können nicht übereinstimmende Spielmodi zu peinlichen Situationen führen, Beziehungen schädigen und sich in Konflikte verwandeln.

Als erfahrener Profi versucht Tati, andere anzuleiten, während diese davon ausgehen, dass jeder gleich viel zu sagen hat.
(Autorität ≠ Gegenleistung)

Das Team wartet auf Antonios Anweisungen, während er davon ausgeht, dass er nicht die Verantwortung übernehmen muss, weil er dafür nicht bezahlt wird.
(Autorität ≠ Übereinkunft)

Susan hält Ann für die kompetenteste Person, um mit ihr einen Kunden zu besuchen. Andere finden, dass jeder mal an der Reihe sein sollte.
(Übereinkunft ≠ Gegenleistung)

Übereinstimmende Spielmodi: entscheidend für Familienunternehmen

Nina
Samanthas Tochter, Schwester, Managerin des Familienunternehmens

Kevin
Samanthas Sohn, Bruder, Student

Bob
Samanthas Vater, der Großvater, Gründer, Pensionär, Inhaber

Samantha
Ninas und Kevins Mutter, CEO und Inhaberin

Das Konfliktrisiko in Familienunternehmen ist hoch. Die Zusammenarbeit mit Familienmitgliedern in einem geschäftlichen Kontext erzeugt ein überaus komplexes Beziehungsgefüge.

Im System eines Familienunternehmens haben die Beteiligten oft mehrere Rollen (Familienmitglied, Eigentümer, Manager), die unterschiedliche Wertesysteme und Interessen implizieren. Je mehr Rollen Familienmitglieder innehaben, desto größer die Wahrscheinlichkeit, die Grenzen jeder Rolle zu überschreiten und eine Spielmodus-Abweichung mit den anderen Familienmitgliedern zu erzeugen. Große Familienunternehmen meistern diese Herausforderung, indem sie ihr eigenes Governance-Modell für die Familie entwickeln, um die Erwartungen zu klären und die Verantwortungsbereiche jeder Rolle zu strukturieren. Oft werden sie in einer sogenannten Familienverfassung zusammengetragen, einem Dokument, das die Beziehungen in der Familie formalisiert und damit unnötige Konflikte aufgrund von Typenüberschneidungen minimiert.

Es können erhebliche Mühe, viele Fertigkeiten und externe Ressourcen vonnöten sein, um eine Familienverfassung aufzustellen. Um die Harmonie zu bewahren, können kleinere Familienunternehmen wie Geschäfte, Restaurants und Handwerksbetriebe als ersten Schritt einen Teamvertrag abschließen, um ein paar Grundregeln des Spiels für die unterschiedlichen Rollen festzulegen.

Schlüsselbegriffe: Familienunternehmen, Familienregierung, Familienverfassung

Sich überschneidende Familienrollen als Konfliktquelle

Bob (Teilen) – **Samantha** (Autorität)
Trotz einem Jahr mit außerordentlich guten Ergebnissen erteilt Bob Samantha weiterhin ausführliche Ratschläge, was er an ihrer Stelle getan hätte.

Kevin (Teilen) – **Samantha** (Übereinkunft)
Kevin ist sauer, weil seine Schwester Nina ihm nicht ihr Firmenauto überlässt, um zu einer Party zu fahren.

Kevin (Gegenleistung) – **Samantha** (Übereinkunft)
Kevin ist sogar noch wütender, als er herausfindet, dass seine Schwester bei der Arbeit einen Bonus ausgezahlt bekommen hat, während er nicht genügend Taschengeld bekommt.

Nina (Übereinkunft) – **Samantha** (Autorität)
Nina ärgert sich über ihre Mutter, weil sie jemand anders auf die Stelle befördert hat, die sie gern gehabt hätte.

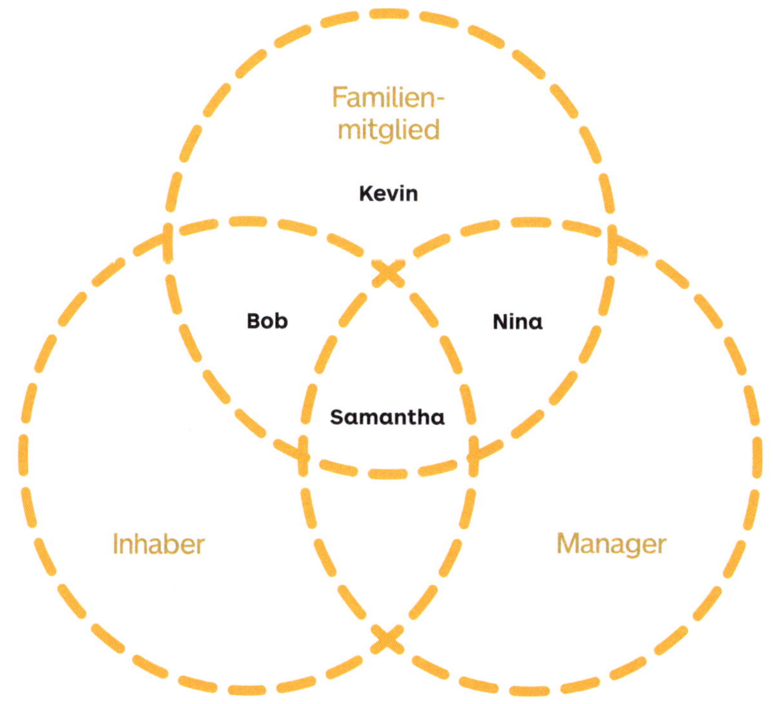

Quelle des Drei-Kreise-Modells: R. Tagiuri und J. Davis, »Bivalent Attributes of the Family Firm,« Family Business Review 9, Nr. 2 (Sommer 1996), S. 200.

4.4
Gesicht und Höflichkeit

Die Gesichtstheorie und die beiden zentralen Anforderungen gegenseitiger Wertschätzung.

Höflichkeit: unsere beiden entscheidenden sozialen Bedürfnisse

Die Anthropologen Penelope Brown und Stephen Levinson lieferten in ihrem Buch *Politeness: Some Universals in Language Usage* eine einzigartige Beschreibung gegenseitiger Wertschätzung. Sie entwickelten eine bahnbrechende Theorie der Höflichkeit auf der Grundlage des »Gesichts«-Konzepts, abgeleitet der Redewendung »das Gesicht verlieren«, den der Soziologe Erving Goffmann als den positiven sozialen Wert beschreibt, den ein Mensch für sich beansprucht.

Für Brown und Levinson bedeuten Rücksichtnahme und Höflichkeit »Gesichtsarbeit«, indem das Gesicht des jeweils anderen aktiv gewahrt wird. Dies wird erreicht, indem zwei universelle »soziale Bedürfnisse« berührt werden (Brown und Levinson 1987):

- Das Bedürfnis, anerkannt oder wertgeschätzt zu werden: wenn die Handlungen und Verhaltensweisen anderer ein positives Bild von uns selbst spiegeln. Das geschieht, wenn man uns dankt, uns Sympathie bekundet, uns anerkennt und so weiter. Und es geschieht nicht, wenn wir ignoriert, abgelehnt oder öffentlich beschämt werden.
- Das Bedürfnis, autonom zu sein oder respektiert zu werden: das Bedürfnis, unsere Handlungsfreiheit zu schützen, nicht von anderen behindert oder beengt zu werden und unseren Privatbereich zu wahren. Das wird gewährleistet, wenn man uns um Erlaubnis bittet, unterbrochen zu werden, wenn man sich im Vorfeld bei uns für Unannehmlichkeiten entschuldigt oder wenn ehrenvolle Titel wie Frau, Herr, Doktor, Professor und so weiter verwendet werden, um unseren sozialen Status anzuerkennen. Das geschieht nicht, wenn man uns am Trinken des morgendlichen Kaffees hindert, damit wir uns Klagen anhören, wenn man uns etwas aufzwingt oder wenn wir mit Warnungen und Vorladungen eingeschüchtert werden.

Diese (beinahe) gegensätzlichen Bedürfnisse zeigen dem Psychologen Steven Pinker zufolge die Dualität des sozialen Lebens: Verbundenheit und Autonomie, Intimität und Macht, Solidarität und Status. Wenn ich tue, was ich will, wird mein Bedürfnis nach Respekt befriedigt, aber ich erhalte vielleicht keine Wertschätzung von anderen. Wertgeschätzt und respektiert zu werden bestimmt unsere soziale DNS (Fiske, 1992) und wir werden sehr heikel, wenn diese Bedürfnisse bedroht werden. Nach Ansicht von Brown und Levinson besteht die gegenseitige Rücksichtnahme darin, zu tun, was richtig ist: die richtigen Worte zu wählen, um das Risiko zu minimieren, dass der andere das Gesicht verliert. Mit anderen Worten: höflich zu sein.

Suchbegriffe: Höflichkeitstheorie, Brown und Levinson, Theorie des strategischen Sprechers, Steven Pinker, Höflichkeit

Wir schätzen Menschen, die Rücksicht auf uns nehmen, indem sie unsere beiden sozialen Bedürfnisse respektieren. Weniger schätzen wir jene, die das nicht tun. Dasselbe gilt für alle anderen.

Zu respektierendes soziales Bedürfnis
Glückwunsch!

Wertzuschätzendes soziales Bedürfnis
Darf ich Sie bitten, mir zu folgen?

Was ist ein fairer Prozess?

Wertschätzung und Respekt füreinander sind die beiden Säulen der Fairness. Fairness ist eine entscheidende Grundlage, auf der Teams wachsen können und jegliche Diversitäts-, Gleichstellungs- und Inklusionsinitiative umgesetzt wird.

Die Umsetzung eines fairen Prozesses in einem Team oder einer Organisation besteht darin, dass Entscheidungen so getroffen werden, dass jedermanns Bedürfnisse nach Wertschätzung und Respekt gleichermaßen berücksichtigt werden. Wie Cham Kim und Renée Mauborgne von der INSEAD gezeigt haben, wird das erreicht, indem die drei Top-Prinzipien von

1. Engagement,
2. Erklärung und
3. Erwartungsklarheit

angewendet werden.

Untersuchungen ergaben, dass die Menschen es akzeptieren, ihre persönlichen Interessen einzuschränken oder sogar zu opfern, wenn sie glauben, dass der Prozess zu wichtigen Entscheidungen führt und die Ergebnisse fair sind. Trotz dieser Belege tun sich manche Manager schwer damit, ein faires Prozessverfahren anzuwenden, weil sie fürchten, dass ihre Autorität infrage gestellt und ihre Macht eingeschränkt wird, was ein Missverständnis gegenüber dem Prozess offenbart: Ein fairer Prozess besteht nicht in einer einvernehmlichen Entscheidung oder Demokratie am Arbeitsplatz. Sein Ziel ist, die besten Ideen zu fördern und zu verfolgen.

Die drei Prinzipien eines fairen (Entscheidungs-)Prozesses

1
Engagement
Personen in Entscheidungen einbeziehen, indem sie zum Mitwirken eingeladen und zum gegenseitigen Hinterfragen ihrer Ideen aufgefordert werden.

Unterstützt durch:
- die Team Alignment Map
- den Teamvertrag

2
Erklärung
Die Überlegungen hinter einer endgültigen Entscheidung klären.

Unterstützt durch:
- die Team Alignment Map
- den Teamvertrag

3
Klarheit der Erwartungen
Aufstellen der neuen Spielregeln, darunter Leistungsstandards, Strafen bei Versagen und neue Verantwortlichkeiten.

Unterstützt durch:
- den Teamvertrag

Quelle: W. Kim und R. Mauborgne, »Fair Process«, Harvard Business Review *75 (1997): 65–75.*

Vorlagen

Download der Vorlagen bei teamalignment.co/downloads

Team Alignment Map

Mission:

Zeitraum:

Gemeinsame Ziele	Gemeinsames Engagement	Gemeinsame Ressourcen	Gemeinsames Risiko
Was wollen wir konkret gemeinsam erreichen?	Wer tut was und mit wem?	Welche Ressourcen benötigen wir?	Was könnte uns am Erfolg hindern?

Strategyzer

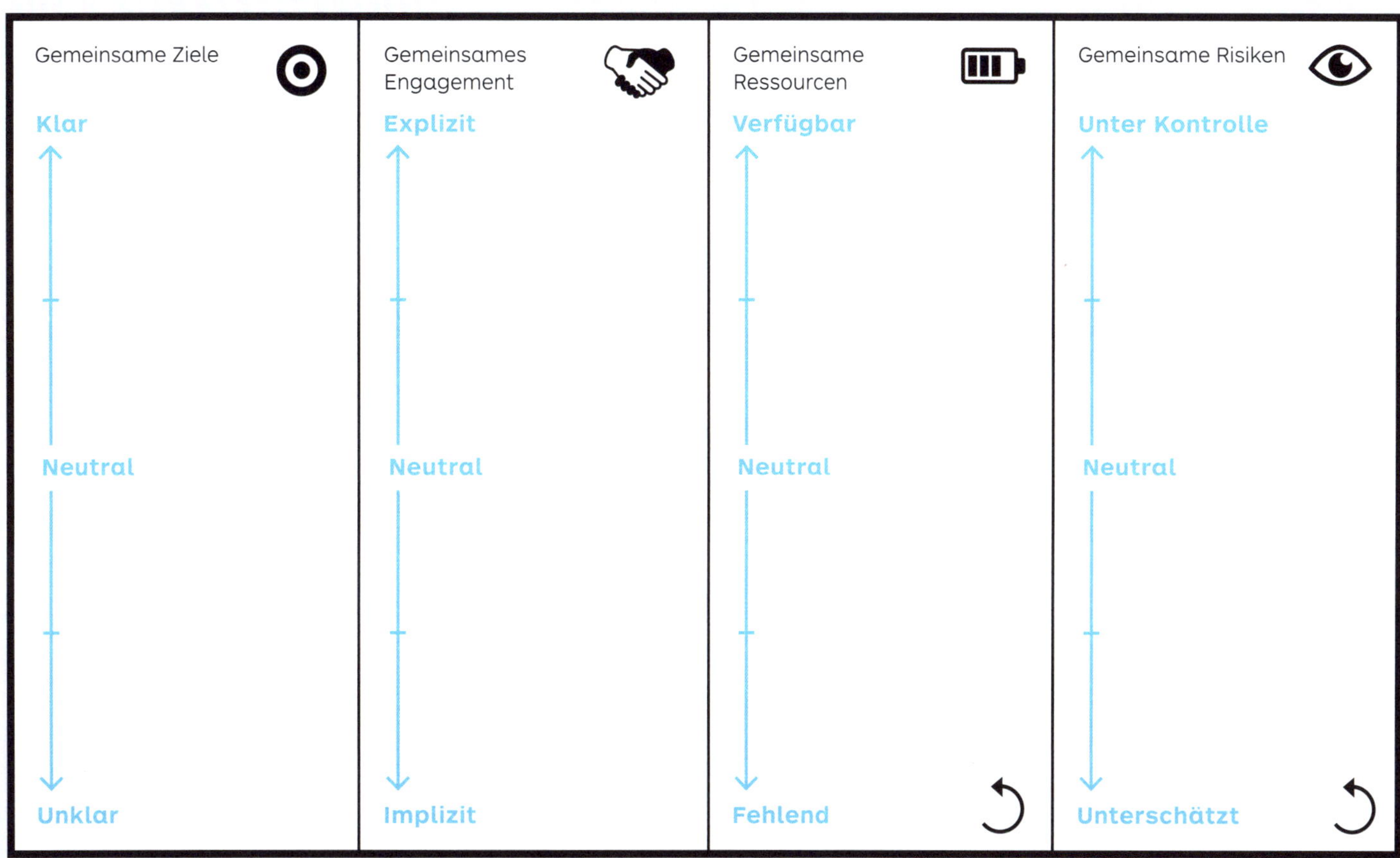
Team Alignment Map
Mission:
Zeitraum:
Gemeinsame Ziele
Klar
Neutral
Unklar
Gemeinsames Engagement
Explizit
Neutral
Implizit
Gemeinsame Ressourcen
Verfügbar
Neutral
Fehlend
Gemeinsame Risiken
Unter Kontrolle
Neutral
Unterschätzt

Strategyzer

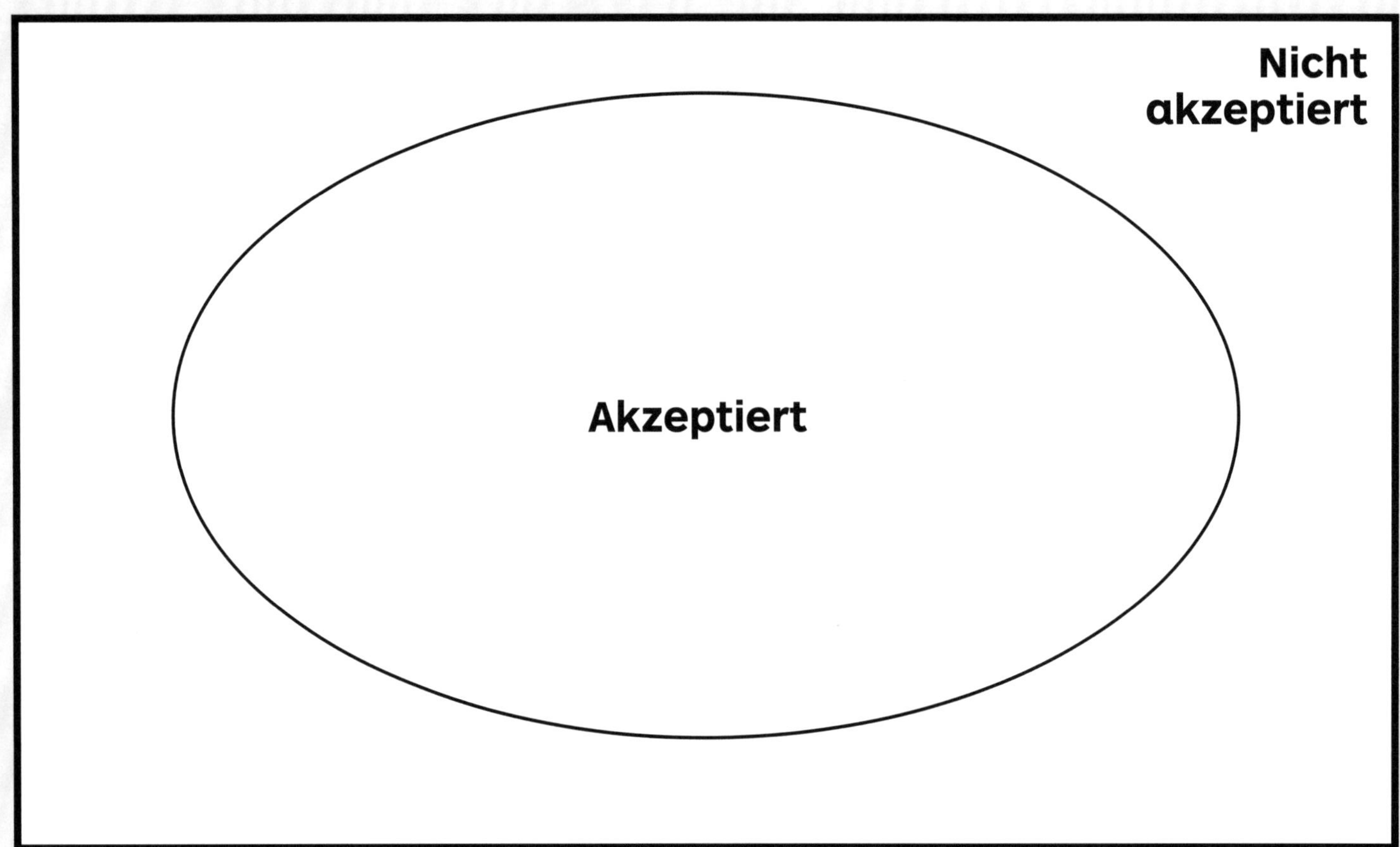
Der Teamvertrag
An welche Regeln und Verhaltensweisen wollen wir uns in unserem Team halten?
Bevorzugen wir als Individuen bestimmte Vorgehensweisen bei der Arbeit?
Team:
Nicht akzeptiert
Akzeptiert
© 2020 Stefano Mastrogiacomo. Alle Rechte vorbehalten. www.teamalignment.co
Strategyzer

Der Faktenfinder

Annahmen
Kreative Interpretationen, Hypothesen oder Prognosen

HÖREN	FRAGEN
»Er/sie denkt …«	*Woran erkennen Sie das?*
»Er/sie glaubt …«	*Woher wissen Sie das?*
»Er/sie macht nicht/sollte nicht …«	*Welche Beweise zeigen das?*
»Er/sie mag …«	*Woraus schließen Sie das?*
»Sie/sie werden …«	
»Das Geschäft/das Leben/ die Liebe werden …«	

Beschränkungen
Imaginäre Einschränkungen und Verpflichtungen, die den Optionsspielraum verringern

HÖREN	FRAGEN
»Ich muss …«	*Was würde passieren, wenn …?*
»Wir müssen …«	*Was hindert Sie/uns an …?*
»Ich kann nicht …«	
»Ich … nicht.«	
»Wir sollten nicht …«	

Unvollständige Fakten oder Erfahrungen
Fehlende Präzision der Beschreibung

Vollständige Fakten

HÖREN	FRAGEN
»Ich habe gehört …«	*Wer? Was?*
»Die haben gesagt …«	*Wann? Wo?*
»Sie hat gesehen …«	*Wie? Wie viele?*
»Ich habe das Gefühl …«	*Könnten Sie etwas genauer werden?*
	Was meinen Sie mit …?

Verallgemeinerungen
Das Besondere zum Allgemeingültigen machen

HÖREN	FRAGEN
»Immer«	*Immer?*
»Nie«	*Nie?*
»Niemand«	*Niemand?*
»Jeder«	*Jeder?*
»Die Leute«	*Die Leute?*
	Sind Sie sicher?

Realität erster Ordnung
Physisch wahrnehmbare Beschaffenheit eines Gegenstands oder einer Situation

Urteile
Subjektive Einschätzung eines Sachverhalts, einer Situation oder einer Person

HÖREN	FRAGEN
»Ich bin …«	*Was sagt Ihnen …?*
»Das Leben ist …«	*Woran machen Sie das fest?*
»Es ist gut/nicht gut, zu …«	*In welcher Hinsicht ist das inakzeptabel?*
»Es ist wichtig, zu …«	*Denken Sie an etwas Bestimmtes?*
»Es ist leicht/schwierig, zu …«	

Realität zweiter Ordnung
Wahrnehmung, persönliche Interpretation der Realität erster Ordnung

Strategyzer

Die Respektkarte

Tipps für die taktvolle Kommunikation

Bedürfnis nach Respekt
Respekt zeigen

Fragen statt anordnen
Würden Sie ...?

Zweifel äußern
Ich nehme nicht an, dass Sie ...?

Das Ansinnen abmildern
..., wenn es geht.

Die Unannehmlichkeit anerkennen
Ich weiß, Sie haben viel zu tun, aber ...

Widerstreben andeuten
Ich würde normalerweise nicht fragen, aber ...

Entschuldigen
Es tut mir leid, Sie damit zu belästigen, aber ...

Eine Schuld anerkennen
Ich wäre Ihnen sehr dankbar, wenn Sie ...

Höflichkeitsanreden nutzen
Herr, Frau, Professor, Doktor etc. ...

Indirekt bitten
Ich bräuchte einen Kugelschreiber.

Um Verzeihung bitten
Entschuldigen Sie bitte, aber ...
Könnte ich Ihren Kugelschreiber ausleihen?

Anliegen kleiner machen
Ich wollte nur fragen, ob ich wohl Ihren Kugelschreiber benutzen dürfte.

Die verantwortliche Person in den Plural setzen
Wir haben vergessen, Ihnen mitzuteilen, dass Sie das Flugticket bis gestern hätten buchen müssen.

Zögern
Könnte ich, äh ...?

Unpersönlich machen
Rauchen ist nicht gestattet.

RISKANTES VERHALTEN
Direkte Anweisungen
Unterbrechen
Warnungen aussprechen
Verbieten
Drohen
Vorschläge
Erinnerungen
Ratschläge

Bedürfnis nach Wertschätzung
Anerkennung zeigen

Dank
Ein großes Dankeschön.

Wunsch
Bleiben Sie gesund, haben Sie einen schönen Tag.

Frage
Wie geht es Ihnen? Wie geht's?

Kompliment
Schöner Pullover.

Vorwegnahme
Sie müssen Hunger haben.

Ratschlag
Seien Sie vorsichtig.

Sich beliebt machen
Mein Freund, Kumpel, Kamerad, Gefährte, Liebling, Lieber, Bruder, Junge.

Um Zustimmung werben
Weißt du, was ich meine?

Sich um andere kümmern
Sie müssen Hunger haben, das Frühstück ist ja schon eine ganze Weile her. Wie wäre es mit Mittagessen?

Uneinigkeit vermeiden
A: Schmeckt es Ihnen nicht?
B: Doch, doch, es schmeckt mir, ähm, normalerweise esse ich so etwas nicht, aber es ist lecker.

Einverständnis vorwegnehmen
Also, wann kommen Sie uns mal besuchen?

Meinung abmildern
Vielleicht sollten Sie sich damit wirklich etwas mehr Mühe geben.

RISKANTES VERHALTEN
Beschämen
Missbilligen
Ignorieren
Offen kritisieren
Verächtlich machen, ins Lächerliche ziehen
Nur über sich selbst sprechen
Tabuthemen ansprechen
Beleidigungen, Anschuldigungen, Beschwerden

Strategyzer

Der Leitfaden für gewaltfreie Bitten

Gefühle *negative Gefühle, wenn Ihre Bedürfnisse nicht erfüllt werden*

ÄNGSTLICH
besorgt
Furcht
ahnungsvoll
verängstigt
misstrauisch
panisch
versteinert
furchtsam
argwöhnisch
entsetzt
skeptisch
sorgenvoll

ÄRGERLICH
verärgert
bestürzt
verstimmt
ungehalten
entnervt
frustriert
ungeduldig
gereizt
aufgebracht

WÜTEND
zornig
erbost
rasend
erzürnt
aufgebracht
grimmig
empört
entrüstet

AVERSION
Animosität
Verachtung
Abscheu
Ablehnung
Hass
Feindseligkeit
Abweisung

VERWIRRT
ambivalent
ratlos
fassungslos
perplex
zögerlich
durcheinander
konfus
bestürzt
verwundert
verblüfft

ABGEKOPPELT
entfremdet
entfernt
teilnahmslos
gelangweilt
kalt
unbeteiligt
gleichgültig
apathisch
unberührt
uninteressiert
zurückgezogen

UNRUHIG
aufgeregt
alarmiert
betroffen
aufgeschreckt
beunruhigt
verunsichert
ruhelos
schockiert
erschrocken
verwundert
aufgewühlt
bekümmert
sorgenschwer
unbehaglich
mulmig
entnervt
verunsichert
aufgebracht

VERLEGEN
beschämt
bekümmert
geniert
schuldig
gedemütigt
befangen

ANGESPANNT
ängstlich
unleidlich
gequält
verzweifelt
gereizt
kribbelig
reizbar
unruhig
nervös
überfordert
rastlos
ausgebrannt

SCHMERZ
Tortur
gepeinigt
leidtragend
vernichtet
Kummer
gebrochen
verletzt
einsam
jämmerlich
reuevoll
reumütig

ERMÜDUNG
erschlagen
ausgebrannt
fertig
erschöpft
lethargisch
antriebslos
schläfrig
müde
ermattet
überdrüssig

TRAURIG
deprimiert
entmutigt
niedergeschlagen
enttäuscht
mutlos
geknickt
schwermütig
bedrückt
hoffnungslos
melancholisch
unglücklich
verzweifelt

VERLETZLICH
zerbrechlich
überwacht
hilflos
unsicher
misstrauisch
scheu
sensibel

SEHNSUCHTSVOLL
neidisch
eifersüchtig
verlangend
nostalgisch
schmachtend
wehmütig

Wenn Sie

____
BEOBACHTUNG

fühle ich

____
GEFÜHL

Mein Bedürfnis ist

____
BEDÜRFNIS

Würden Sie bitte

______________________________?
BITTE

Bedürfnisse

VERBUNDENHEIT
Akzeptanz
Zuneigung
Wertschätzung
Zugehörigkeit
Zusammenarbeit
Kommunikation
Nähe
Gemeinschaft
Kameradschaft
Mitempfinden
Rücksicht
Beständigkeit
Empathie
Einbindung
Intimität
Liebe
Gegenseitigkeit
Fürsorge
Respekt/
Selbstrespekt
Sicherheit
Gewissheit
Stabilität
Unterstützung
Kennen und erkannt werden
Sehen und gesehen werden
Verständnis
Vertrauen
Wärme

KÖRPERLICHES WOHLBEFINDEN
Luft
Nahrung
Bewegung/Sport
Ruhe/Schlaf
Sicherheit
Schutz
Berührung
Wasser

EHRLICHKEIT
Authentizität
Integrität
Präsenz

SPIEL
Spaß
Humor

FRIEDEN
Schönheit
Kommunikation
Leichtigkeit
Gleichheit
Harmonie
Inspiration
Ordnung

AUTONOMIE
Wahlfreiheit
Freiheit
Unabhängigkeit
Raum
Spontaneität

BEDEUTSAMKEIT
Achtsamkeit
das Leben feiern
Herausforderung
Klarheit
Kompetenz
Bewusstheit
Mitwirkung
Kreativität
Entdeckung
Effizienz
Effektivität
Wachstum
Hoffnung
Lernen
Trauerarbeit
Teilnahme
Zweck
Selbstentfaltung
Anregung
Bedeutung
Verständnis

Strategyzer

Nachwort

Quellennachweis

Kapitel 1: Die Team Alignment Map entdecken

Mission und Zeitraum

Deci, E. L., und R. M. Ryan. 1985. *Intrinsic Motivation and Self-Determination in Human Behavior*. Plenum Press.

Edmondson, A. C., und J. F. Harvey. 2017. *Extreme Teaming: Lessons in Complex, Cross-Sector Leadership*. Emerald Group Publishing.

Locke, E. A., und G. P. Latham. 1990. *A Theory of Goal Setting & Task Performance*. Prentice-Hall Inc.

Gemeinsame Ziele

Clark, H. H. 1996. *Using Language*. Cambridge University Press.

Klein, H. J., M. J. Wesson, J. R. Hollenbeck und B. J. Alge. 1999. »Goal Commitment and the Goal-Setting Process: Conceptual Clarification and Empirical Synthesis.« *Journal of Applied Psychology* 84 (6): 885.

Lewis, D. K. 1969. *Convention: A Philosophical Study*. Harvard University Press.

Locke, E. A., und G. P. Latham. 1990. *A Theory of Goal Setting & Task Performance*. Prentice-Hall.

Schelling, T. C. 1980. *The Strategy of Conflict*. Harvard University Press.

Gemeinsame Verpflichtungen

Clark, H. H. 2006. »Social Actions, Social Commitments.« In *Roots of Human Sociality: Culture, Cognition and Human Interaction*, Hrsg. v. Stephen C. Levinson und N. J. Enfield, 126–150. Oxford: Berg Press.

Edmondson, A. C. und J. F. Harvey. 2017. *Extreme Teaming: Lessons in Complex, Cross-Sector Leadership*. Emerald Publishing.

Gilbert, M. 2014. *Joint Commitment: How We Make the Social World*. Oxford University Press.

Schmitt, F. 2004. *Socializing Metaphysics: The Nature of Social Reality*. Rowman & Littlefield.

Tuomela, R., und M. Tuomela. 2003. »Acting as a Group Member and Collective Commitment.« *Protosociology* 18: 7–65.

Gemeinsame Ressourcen

Corporate Finance Institute® (CFI). O.D. »What Are the Main Types of Assets?« https://corporatefinanceinstitute.com/resources/knowledge/accounting/types-of-assets/

Gemeinsame Risiken

Aven, T. 2010. »On How to Define, Understand and Describe Risk.« *Reliability Engineering & System Safety* 95 (6): 623–631.

Cobb, A. T. 2011. *Leading Project Teams: The Basics of Project Management and Team Leadership*. Sage.

Cohen, P. 2011. »An Approach for Wording Risks.« http://www.betterprojects.net/2011/09/approach-for-wording-risks.html.

Lonergan, K. 2015. »Example Project Risks – Good and Bad Practice.« https://www.pmis-consulting.com/example-project-risks-goodandbad-practice.

Mar, A. 2015. »130 Project Risks« (Liste). https://management.simplicable.com/management/new/130-project-risks.

Power, B. 2014. »Writing Good Risk Statements.« *ISACA Journal*. https://www.isaca.org/Journal/archives/2014/Volume-3/Pages/Writing-Good-Risk-Statements.aspx#f1.
Project Management Institute. 2013. *A Guide to the Project Management Body of Knowledge* (PMBOK® Guide). 5. Aufl.

Assessments

Avdiji, H., D. Elikan, S. Missonier und Y. Pigneur. 2018. »Designing Tools for Collectively Solving Ill-Structured Problems.« In *Proceedings of the 51st Hawaii International Conference on System Sciences* (Januar), 400–409.
Avdiji, H., S. Missonier und S. Mastrogiacomo. 2015. »How to Manage IS Team Coordination in Real Time.« In *Proceedings of the International Conference on Information Systems* (ICIS) 2015, Dezember 2015, 13–16.
Mastrogiacomo, S., S. Missonier und R. Bonazzi. 2014. »Talk Before It's Too Late: Reconsidering the Role of Conversation in Information Systems Project Management.« *Journal of Management Information Systems* 31 (1): 47–78.

Kapitel 2: Die Map im Einsatz

Corporate Rebels. »The 8 Trends.« https://corporate-rebels.com/trends/.
Kaplan, R. S., und D. P. Norton. 2006. *Alignment: Using the Balanced Scorecard to Create Corporate Synergies*. Harvard Business School Press.
Kniberg, H. 2014. »Spotify Engineering Culture Part 1.« Spotify Labs. https://labs.spotify.com/2014/03/27/spotifyengineering-culture-part-1/
Kniberg, H. 2014. »Spotify Engineering Culture Part 2.« Spotify Labs. https://labs.spotify.com/2014/09/20/spotifyengineering-culture-part-2/
Larman, C., und B. Vodde. 2016. *Large-Scale Scrum: More with LeSS*. Addison-Wesley.
Leffingwell, D. 2018. SAFe 4.5 *Reference Guide: Scaled Agile Framework for Lean Enterprises*. Addison-Wesley.

Kapitel 3: Vertrauen unter Teammitgliedern

Psychologische Sicherheit

Christian M. S., A. S. Garza und J. E. Slaughter. 2011. »Work Engagement: A Quantitative Review and Test of Its Relations with Task and Contextual Performance.« *Personnel Psychology* 64: 89–136. http://dx.doi.org/10.1111/j.1744-6570.2010.01203.x
Duhigg, C. 2016. »What Google Learned from Its Quest to Build the Perfect Team.« *New York Times Magazine*. 25. Februar.
Edmondson, A. 1999. »Psychological Safety and Learning Behavior in Work Teams.« *Administrative Science Quarterly* 44: 350–383. http://dx.doi.org/10.2307/2666999
Edmondson, A. C. 2004. »Psychological Safety, Trust, and Learning in Organizations: A Group-Level Lens.« In *Trust and Distrust in Organizations: Dilemmas and Approaches*, Hrsg. v. R. M. Kramer und K. S. Cook, 239–272. Russell Sage Foundation.
Edmondson, A. C. 2018. *The Fearless Organization: Creating Psychological Safety in the Workplace for Learning, Innovation, and Growth*. John Wiley & Sons.
Edmondson, A. C., und J. F. Harvey. 2017. *Extreme Teaming: Lessons in Complex, Cross-Sector Leadership*. Emerald Publishing.
Frazier, M. L., S. Fainshmidt, R. L. Klinger, A. Pezeshkan und V. Vracheva. 2017. »Psychological Safety: A Meta-Analytic Review and Extension.« *Personnel Psychology* 70 (1): 113–165.
Gallo, P. 2018. *The Compass and the Radar: The Art of Building a Rewarding Career While Remaining True to Yourself*. Bloomsbury Business.
Kahn, W. A. 1990. »Psychological Conditions of Personal Engagement and Disengagement at Work.« *Academy of Management Journal* 33: 692–724. http://dx.doi.org/10.2307/256287
Mayer, R. C., J. H. Davis und F. D. Schoorman. 1995. »An Integrative Model of Organizational Trust.« *Academy of Management Review* 20: 709–734. http://dx.doi.org/10.5465/AMR.1995.9508080335

Schein, E. H., und W. G. Benni. 1965. *Personal and Organizational Change Through Group Methods*: The Laboratory Approach. John Wiley & Sons.
Spreitzer, G. M. 1995. »Psychological Empowerment in the Workplace: Dimensions, Measurement, and Validation.« *Academy of Management Journal* 38: 1442–1465. doi: 10.2037/256865

Der Teamvertrag

Edmondson, A. C. 2018. *The Fearless Organization: Creating Psychological Safety in the Workplace for Learning, Innovation, and Growth*. John Wiley & Sons.
Fiske, A. P., und P. E. Tetlock. 1997. »Taboo Trade-Offs: Reactions to Transactions That Transgress the Spheres of Justice.« *Political Psychology* 18 (2): 255–297.

Der Faktenfinder

Edmondson, A. C. 2018. *The Fearless Organization: Creating Psychological Safety in the Workplace for Learning, Innovation, and Growth*. John Wiley & Sons.
Kourilsky, F. 2014. *Du désir au plaisir de changer: le coaching du changement*. Dunod.
Watzlawick, P. 1984. *The Invented Reality: Contributions to Constructivism*. W. W. Norton.
Zacharis, P. 2016. *La boussole du langage*. https://www.patrickzacharis.be/la-boussole-du-langage/

Die Respektkarte

Brown, P., und S. C. Levinson. 1987. *Politeness: Some Universals in Language Usage*. Bd. 4. Cambridge University Press.
Culpeper, J. 2011. »Politeness and Impoliteness.« In *Pragmatics of Society*, Hrsg. v. W. Bublitz, A. H. Jucker und K. P. Schneider. Bd. 5, 393. Mouton de Gruyter.
Fiske, A. P. 1992. »The Four Elementary Forms of Sociality: Framework for a Unified Theory of Social Relations.« *Psychological Review* 99 (4): 689.
Lee, J. J., und S. Pinker. 2010. »Rationales for Indirect Speech: The Theory of the Strategic Speaker.« *Psychological Review* 117 (3): 785.
Locher, M. A., und R. J. Watts. 2008. »Relational Work and Impoliteness: Negotiating Norms of Linguistic Behaviour.« In *Impoliteness in Language*. Studies on its Interplay with Power in Theory and Practice, Hrsg. v. D. Bousfield und M. A. Locher, 77–99. Mouton de Gruyter.
Pinker, S. 2007. *The Stuff of Thought: Language as a Window into Human Nature*. Penguin.
Pinker, S., M. A. Nowak und J. J. Lee. 2008. »The Logic of Indirect Speech.« *Proceedings of the National Academy of Sciences* 105 (3): 833–838.

Der Leitfaden für gewaltfreie Bitten

Hess, J. A. 2003. »Maintaining Undesired Relationships.« In *Maintaining Relationships Through Communication: Relational, Contextual, and Cultural Variations*, Hrsg. v. D. J. Canary und M. Dainton, 103–124. Lawrence Erlbaum Associates.
Kahane, A. 2017. *Collaborating with the Enemy: How to Work with People You Don't Agree with or Like or Trust*. Berrett-Koehler Publishers.
Marshall, R., und P. D. Rosenberg. 2003. *Nonviolent Communication: A Language of Life*. PuddleDancer Press.
McCracken, H. 2017. »Satya Nadella Rewrites Microsoft's Code.« *Fast Company*. 18. September.

Kapitel 4: Vertiefung

Gegenseitiges Verständnis und gemeinsame Basis

Clark, H. H. 1996. *Using Language*. Cambridge University Press.
Clark, H. H., und S. E. Brennan. 1991. »Grounding in Communication.« Perspectives on Socially *Shared Cognition* 13: 127–149.
De Freitas, J., K. Thomas, P. DeScioli und S. Pinker. 2019. »Common Knowledge, Coordination, and Strategic Mentalizing in Human Social Life.« *Proceedings of the National Academy of Sciences* 116 (28): 13751–13758.

Klein, G., P. J. Feltovich, J. M. Bradshaw und D. D. Woods. 2005. »Common Ground and Coordination in Joint Activity.« In *Organizational Simulation*, Hrsg. v. W. B. Rouse und K. R. Boff, 139–184. John Wiley & Sons.

Mastrogiacomo, S., S. Missonier und R. Bonazzi. 2014. »Talk Before It's Too Late: Reconsidering the Role of Conversation in Information Systems Project Management.« *Journal of Management Information Systems* 31 (1): 47–78.

»Media Richness Theory.« Wikipedia. https://en.wikipedia.org/w/index.php?title=Media_richness_theory&oldid=930255670

Vertrauen und psychologische Sicherheit

Edmondson, A. 1999. »Psychological Safety and Learning Behavior in Work Teams.« *Administrative Science Quarterly* 44 (2): 350–383.

Edmondson, A. C. 2018. *The Fearless Organization: Creating Psychological Safety in the Workplace for Learning, Innovation, and Growth*. John Wiley & Sons.

Edmondson, A. C. 2004. »Psychological Safety, Trust, and Learning in Organizations: A Group-Level Lens.« In *Trust and Distrust in Organizations: Dilemmas and Approaches*, Hrsg. v. R. M. Kramer und K. S. Cook, 239–272. Russell Sage Foundation.

Edmondson, A. C., und A. W. Woolley, A. W. 2003. »Understanding Outcomes of Organizational Learning Interventions.« In *International Handbook on Organizational Learning and Knowledge Management*, Hrsg. v. M. Easterby-Smith und M. Lyles, 185–211. London: Blackwell.

Tucker, A. L., I. M. Nembhard und A. C. Edmondson. 2007. »Implementing New Practices: An Empirical Study of Organizational Learning in Hospital Intensive Care Units.« *Management Science* 53 (6): 894–907.

Gesicht und Höflichkeit

Brown, P., und S. C. Levinson. 1987. *Politeness: Some Universals in Language Usage*. Bd. 4. Cambridge University Press.

Culpeper, J. 2011. »Politeness and Impoliteness.« In *Pragmatics of Society*, Hrsg. v. W. Bublitz, A. H. Jucker und K. P. Schneider. Bd. 5, 393. Mouton de Gruyter.

Fiske, A. P. 1992. »The Four Elementary Forms of Sociality: Framework for a Unified Theory of Social Relations.« *Psychological Review* 99 (4): 689.

Kim, W., und R. Mauborgne. 1997. »Fair Process.« *Harvard Business Review* 75: 65–75.

Lee, J. J., und S. Pinker. 2010. »Rationales for Indirect Speech: The Theory of the Strategic Speaker.« *Psychological Review* 117 (3): 785.

Locher, M. A. und R. J. Watts, R. J. 2008. »Relational Work and Impoliteness: Negotiating Norms of Linguistic Behaviour.« In *Impoliteness in Language. Studies on its Interplay with Power in Theory and Practice*, Hrsg. v. D. Bousfield und M. A. Locher, 77–99. Mouton de Gruyter.

Pless, N., und T. Maak. 2004. »Building an Inclusive Diversity Culture: Principles, Processes and Practice.« *Journal of Business Ethics* 54 (2): 129–147.

Pinker, S. 2007. *The Stuff of Thought: Language as a Window into Human Nature*. Penguin.

Pinker, S., M. A. Nowak und J. J. L}ee. 2008. »The Logic of Indirect Speech.« *Proceedings of the National Academy of Sciences* 105 (3): 833–838.

Stichwortverzeichnis

A

B

E

F

I

K

M

N

P

R

S

T

U

V

W

Z

Danksagung

Das Buchteam

Dieses Buch ist das Ergebnis einer langen Reise unter Beteiligung zahlreicher Personen und Teams, die uns dabei geholfen haben, die Tools zu entwickeln, damit zu experimentieren, sie zu testen und zu verbessern und letztlich den Inhalt zu gestalten. Wir bedanken uns bei allen für ihre individuellen Beiträge und für ihre Geduld während unserer endlosen Workshops, wiederholten Befragungen und Runden mit unnötigen Fragen.

Als Erstes danken wir den Tausenden von Early Adopters, die einige unserer ersten Konzepte getestet haben und zur Entwicklung und Verfeinerung der hier präsentierten Ideen beitrugen.

Wir danken Stéphanie Missonier, Hazbi Avdiji, Yves Pigneur, Françoise Kourilsky, Adrian Bangerter und Pierre Dillenbourg für die ursprüngliche wissenschaftliche Arbeit und ihren einzigartigen Beitrag zu den konzeptuellen Grundlagen der Tools. Wir danken vielen wunderbaren Praktikern: Alain Giannattasio, Thomas Steiner, Yasmine Made, Renaud Litré, Antonio Carriero, Fernando Yepez, Jamie Jenkins, Gigi Lai, David Bland, Ivan Torreblanca, Sumayah Aljasem, Jose-Carlos Barbara, Eva Sandner, Koffi Kragba und Julia van Graas, die mit unseren ersten Prototypen experimentiert und mitgeholfen haben, sie und das Manuskript besser zu machen. Danke an Pierre Sindelar, Tony Vogt, Monica Wagen und Pascal Antoine dafür, dass sie unsere Ideen und Erkenntnisse leidenschaftlich hinterfragt haben, und an David Carroll für seine tolle Unterstützung, als wir um einen Titel rangen.

Wir sind unseren Illustratoren Bernard Granger und Séverine Assous dankbar für ihr Engagement und die Schönheit ihrer künstlerischen Arbeit und richten ein spezielles Dankeschön an Louise Ducatillon, die diese künstlerische Zusammenarbeit in die Wege geleitet hat, sowie an Trish Papadakos und Chris White für ihre beeindruckende Designarbeit. Wir sind unserem Verlag Wiley dankbar, insbesondere Richard Narramore, Victoria Annlo und Vicki Adang für die Hilfestellungen und die Verbesserungen des Manuskripts. Danken möchten wir auch den zahlreichen Mitwirkenden bei Strategyzer: Tom Philip, Jonas Baer, Federico Galindo, Przemek Kowalczyk, Mathias Maisberger, Kavi Guppta, Franziska Beeler, Niki Kotsonis, Jerry Steele, Tanja Oberst, Shamira Miller, Paweł Sułkowski, Aleksandra Czaplicka, Jon Friis, Frederic Etiemble, Matt Woodward, Silke Simons, Daniela Leutwyler, Gabriel Roy, Dave Thomas, Natlie Loots, Piotr Pawlik, Jana Stevanovic, Tendayi Viki, Janice Gallen, Andrew Martiniello, Lee Hockin, Laine McGarragle, Andrew Maffi und Lucy Luo.

Dieses Buch wäre nicht, was es ist, ohne Honora Ducatillon, die jeden Schritt des Entstehungsprozesses unermüdlich hinterfragt, kommentiert und uns ermutigt hat.

– Stefano, Alex und Alan

Das Buchteam

Hauptautor
Stefano Mastrogiacomo

Stefano Mastrogiacomo ist Management-Consultant, Professor und Autor. Er begeistert sich für menschliche Koordination und ist der Entwickler der Team Alignment Map, des Teamvertrags, des Faktenfinders und der anderen in diesem Buch vorgestellten Tools. Seit über 20 Jahren leitet er digitale Projekte und berät Projektteams in internationalen Organisationen, dabei lehrt und forscht er an der Universität von Lausanne. Seine interdisziplinäre Arbeit ist im Projektmanagement, im Change-Management, in der Psycholinguistik, der evolutionären Anthropologie und im Design Thinking verankert.

teamalignment.co

Autor
Alex Osterwalder

Alex ist Autor, Entrepreneur und ein gefragter Redner. Seine Arbeit hat das Geschäftsverhalten etablierter Unternehmen und das Starten neuer Vorhaben verändert. Alex steht auf Platz 4 der 50 besten Management-Vordenker weltweit und erhielt außerdem den Thinkers50 Strategy Award. Gemeinsam mit Yves Pigneur erfand er die Business Model Canvas und die Business Portfolio Map – praktische Tools, denen Millionen von Unternehmenspraktikern vertrauen.

@AlexOsterwalder
strategyzer.com/blog

Künstlerische Leitung
Alan Smith

Alan verwendet seine Neugier und Kreativität, um Fragen zu stellen und die Antworten in einfache visuelle, praktische Tools zu verwandeln. Er glaubt, dass die richtigen Tools den Menschen die Zuversicht geben, sich hohe Ziele zu setzen und Bedeutendes zu schaffen. Gemeinsam mit Alex Osterwalder gründete er Strategyzer, wo er mit einem inspirierten Team an der Entwicklung großartiger Produkte arbeitet. Die Bücher, Tools und Dienstleistungen von Strategyzer werden von führenden Unternehmen in aller Welt verwendet.

strategyzer.com

Chefdesignerin
Trish Papadakos

Trish machte am Central St. Martins in London ihren Master- und am York Sheridan Joint Program in Toronto ihren Bachelorabschluss in Design.

Sie unterrichtete Design an ihrer Alma Mater, arbeitete für preisgekrönte Agenturen, rief mehrere Unternehmen ins Leben und arbeitet zum siebten Mal mit dem Strategyzer-Team zusammen.

Designer
Chris White

Chris ist ein multidisziplinärer Designer und lebt in Toronto. Er hat in verschiedenen Funktionen an einer Reihe von Business-Veröffentlichungen mitgewirkt, zuletzt als Assistant Art Director bei *The Globe and Mail*. Sein Schwerpunkt ist die Gestaltung sowohl von Print- als auch von Online-Storys.

Illustratorin
Séverine Assous

Séverine ist eine französische Illustratorin und lebt in Paris, wo sie vor allem an Kinderbüchern, Publikationen und Werbung arbeitet. Ihre Figuren zieren die Seiten dieses Buches.

Illustrator
Blexbolex

Bernard Granger (Blexbolex) ist Illustrator und Comic-Künstler. Er gewann 2009 den Golden Letter Award für das beste Buchdesign der Welt. Er schuf das Bild für den Buchumschlag sowie etliche Seiten darin mit humorvollen Einblicken in die zeitgenössische Bürokultur.

illustrissimo.fr

Wiederholtes Wachstum erzeugen

Systematisieren und steigern Sie Ihr Wachstum, schaffen Sie eine Innovationskultur und erweitern Sie Ihre Ideen- und Projekt-Pipeline mit dem Strategyzer-Wachstums-Portfolio.

Strategyzer ist weltweit führend bei Wachstums- und Innovationsdienstleistungen. Wir helfen Unternehmen auf aller Welt, neue Wachstumsmotoren zu schaffen, die auf unserer bewährten Methodik und unseren technologiefördernden Dienstleistungen beruhen.

Den erweiterbaren Wandel schaffen

Sorgen Sie für modernste Business-Qualifikationen nach hohen Maßstäben mit Strategyzer Academy und Online-Coaching.

Strategyzer ist stolz darauf, die einfachsten und am besten anwendbaren Business-Tools zu schaffen. Wir helfen den Anwendern, eine stärkere Kundenorientierung zu erzielen, herausragende Wertangebote zu entwickeln, bessere Geschäftsmodelle zu finden und Teams aufeinander abzustimmen.